常见农作物病虫害诊断与防治

彩色图鉴

◎ 姚光宝　吴振美　唐小毛　主编

U0349299

中国农业科学技术出版社

图书在版编目（CIP）数据

常见农作物病虫害诊断与防治彩色图鉴 / 姚光宝，吴振美，唐小毛主编.—北京：中国农业科学技术出版社，2019.6（2023.5重印）

ISBN 978-7-5116-4228-8

Ⅰ.①常… Ⅱ.①姚… ②吴… ③唐… Ⅲ.①作物–病虫害防治–图谱 Ⅳ.①S435-64

中国版本图书馆 CIP 数据核字（2019）第 103734 号

责任编辑　白姗姗
责任校对　贾海霞
出 版 者　中国农业科学技术出版社
　　　　　北京市中关村南大街12号　　邮编：100081
电　　话　（010）82106638（编辑室）　（010）82109702（发行部）
　　　　　（010）82109709（读者服务部）
传　　真　（010）82106650
网　　址　http://www.castp.cn
经 销 者　全国各地新华书店
印 刷 者　北京捷迅佳彩印刷有限公司
开　　本　850mm×1 168mm　1/32
印　　张　6.5
字　　数　160千字
版　　次　2019年6月第1版　2023年5月第2次印刷
定　　价　58.00元

常见农作物病虫害诊断与防治彩色图鉴

编委会

主　编：姚光宝　　吴振美　　唐小毛

副主编：李世云　　范长新　　李居平　　何子鑫

　　　　曹艳波　　贾天慧　　段　胜　　杨克梅

　　　　李顺善　　瞿慧萍　　陶妹芳

编　委：王红玉　　胡丽华　　张迎梅　　李永香

　　　　张　婧　　石　磊　　邵冬红　　赵豪杰

　　　　于　飞

PREFACE 前　言

　　农作物病虫害是农业生产中的重大为害。随着近年来农作物种植密度和施肥灌溉等发生的变化，再加上气候条件的改变，农作物病虫害发生规律更加复杂。为了提升广大种植人员及农技人员对农作物病虫害的快速诊断和防治技术，我们采用图文并茂的形式编写了本书。

　　本书以小麦、玉米、水稻、马铃薯和绿叶蔬菜等代表性农作物为对象，分别对其种植中常见的病虫害进行了介绍。全书采用了280多张原色图片，详尽展示了每种病虫害的为害症状以及虫害的形态特征；同时用简单通俗的文字，介绍了每种病虫害的发生规律和防治措施。

　　书中防治病虫害使用的农药用量及浓度，会因品种、栽培方式以及地区有所不同，在实际使用中，建议参考农药产品的使用说明书，或咨询当地农业技术员。

　　由于编者实践经验和编写时间所限，书中遗漏不足之处在所难免，欢迎专家、同行、广大读者批评指正。

编　者
2019年5月

CONTENTS 目　录

第一章 小麦病虫害诊断与防治

第一节 小麦病害

一、小麦白粉病

小麦白粉病是在黄淮流域发生普遍的真菌性病害，近年来随着麦田肥水条件的改善及高产田群体密度加大，小麦白粉病发病逐年加重。

（一）症状识别

小麦白粉病自幼苗到抽穗后均可发病。主要为害小麦叶片，也为害茎、穗和芒。病部最先出现白色丝状霉斑，下部叶片比上部叶片多，叶片背面比正面多。中期病部表面附有一层白粉状霉层，一般叶正面病斑较叶背面多，下部叶片较上部叶片病害重，霉斑早期单独分散逐渐扩大联合，呈长椭圆形较大的霉斑，严重时可覆盖叶片大部，甚至全部，霉层厚度可达2mm左右，并逐渐呈粉状。后期霉层逐渐由白色变为灰色，上生黑色颗粒。严重影响光合作用，使正常新陈代谢受到干扰，造成早衰，产量受到损失（图1-1至图1-4）。

（二）发生规律

小麦白粉病流行的条件：在大面积种植感病品种基础上，4—5月气温在15～20℃、相对湿度在70%以上时；小麦生长旺盛、群体密度过大、植株幼嫩、抗病力低或者倒伏的麦田。病菌在黄淮平原麦区不能越夏，可在海拔500m以上山区的自生麦苗或春小麦上越夏为害，秋季随气流传播到平原冬麦区上发生为害。

图1-1　发病初期的独立病斑

图1-2　发病后期病斑状

图1-3　小麦白粉病病株

图1-4　小麦白粉病病穗

（三）防治措施

1. 农业防治

可选用抗病丰产品种，如百农207、矮抗58和丰德存5号等；合理密植，适当晚播，配方施肥，科学灌溉，适时排水，消灭初期侵染源。

2. 种子处理

可用15%三唑酮可湿性粉剂按种子重量0.12%拌种，控制苗期病情，减少越冬菌量，减轻发病为害，并能兼治散黑穗病。

3. 药剂防治

在小麦白粉病普遍率达10%或病情指数达5%～8%时，即应进行药剂防治。每亩*用25%咪鲜胺乳油20ml，或430g/L戊唑醇悬浮剂20ml，或12.5%烯唑醇可湿性粉剂32g，或20%三唑酮乳油20～30ml，或15%三唑酮可湿性粉剂50～100g，对水50～60kg喷雾，或对水10～15kg低容量喷雾防治。

二、小麦黑穗病

（一）症状识别

小麦黑穗病是真菌性病害，常见的有小麦腥黑穗病、小麦散黑穗病和小麦秆黑粉病。

1. 小麦腥黑穗病病害特征

小麦腥黑穗病为光腥黑穗病和网腥黑穗病，前者除侵害小麦外还侵害黑麦，后者仅侵害小麦，全国各地都有发生。小麦腥黑穗病主要为害穗部，一般病株较矮，分蘖较多，病穗稍短且直，颜色较深，初为灰绿，后为灰白或灰黄。颖壳麦芒外张，露出全部或部分病粒（菌瘿）。病粒较健粒短粗，初为暗绿，后变灰黑，包外一层灰包膜，内部充满黑色粉末（病菌厚垣孢子），破裂散出含有三甲胺鱼腥味的气体，故称腥黑穗病，病菌孢子含有毒物质三甲胺，面粉不能食用，如将混有大量菌瘿和孢子的麦粒作饲料，会引起家禽和牲畜中毒。腥黑穗病菌以厚垣孢子附在种子外表或混入粪肥、土壤中越冬或越夏。种子发芽时，病菌从芽鞘侵入麦苗并到达生长点，后以菌丝体形态随小麦而发育，到孕穗期，侵入子房，破坏花

---

* 　1亩≈667m², 1hm²=15亩。全书同

器，抽穗时在麦粒内形成菌瘿即病原菌的厚垣孢子（图1-5、图1-6）。

图1-5　小麦腥黑穗病病穗　　　图1-6　小麦腥黑穗病病粒

2. 小麦散黑穗病病害特征

　　小麦散黑穗病在我国各麦区都有发病。主要为害穗部，茎和叶等部分也可发生。感病病株抽穗略早于健株，初期病穗外包有一层浅灰色薄膜，小穗全被病菌破坏，种皮、颖片、子房变为黑粉，有时只有下部小穗发病而上部小穗能结实；病穗抽出后，表皮破裂，黑粉散出，最后残留一条弯曲的穗轴。病菌在花期侵染健穗，当年不表现症状，翌年发病，并侵入翌年的种子潜伏，完成侵染循环（图1-7、图1-8）。

图1-7　小麦散黑穗病穗部症状　　图1-8　小麦散黑穗病大田症状

3. 小麦秆黑粉病病害特征

小麦秆黑粉病主要发生在小麦的茎秆、叶和叶鞘上，极少数发生在颖或种子上。常出现与叶脉平行的条纹状孢子堆。孢子堆略隆起，初白色，后变灰白色至黑色，病组织老熟后，孢子堆破裂，散出黑色粉末，即冬孢子。病株多矮化、畸形或卷曲，多数病株不能抽穗而卷曲在叶鞘内，或抽出畸形穗。病株分蘖多，有时无效分蘖可达百余个。该病以土壤传播为主，种子、粪肥也能传播，在种子萌发期侵染（图1-9、图1-10）。

图1-9　小麦秆黑粉病病叶　　　图1-10　小麦秆黑粉病病秆

（二）发生规律

小麦黑穗病中的小麦腥黑穗病、小麦散黑穗病和小麦秆黑粉病具有共同特点，均为病菌，一年只侵染一次，为系统侵染性病害。

（三）防治措施

1. 农业防治

及时清除田间病株残茬，减少传播菌源；播种不宜过深；秋种时要深耕多耙，施用腐熟肥料，增施有机肥，测土配方施肥，适期、精量播种，足墒下种，培育壮苗越冬，增强作物抗逆力，以减轻病虫为害；选用耐病抗病品种。

2. 温汤浸种

有变温浸种和恒温浸种，变温浸种是先将麦种用冷水预浸4~6h，捞出后用52~55℃温水浸1~2min，再捞出放入56℃温水中，使水温降至55℃浸3min，随即迅速捞出冷却晾干播种。恒温浸种是把麦种置于50~55℃热水中，立刻搅拌，使水温迅速稳定至45℃，浸3h后捞出，移入冷水中冷却，晾干后播种。

3. 石灰水浸种

用优质生石灰0.5kg，溶在50kg水中，滤去渣滓后静浸选好的麦种30kg，要求水面高出种子10~15cm，种子厚度不超过66cm，浸泡时间为气温20℃时浸3~5天，气温25℃时浸2~3天，气温30℃时浸1天即可，浸种以后不再用清水冲洗，摊开晾干后即可播种。

4. 药剂拌种

用6%的戊唑醇悬浮种衣剂按种子量的0.03%~0.05%，或用种子重量0.08%~0.1%的20%三唑酮乳油拌种。也可用40%拌种双可湿性粉剂0.1kg，或用50%多菌灵可湿性粉剂0.1kg，对水5kg，拌麦种50kg，拌后堆闷6h。也可用种子重量0.2%的拌种双或福美双或多菌灵或甲基硫菌灵等药剂拌种和闷种，都有较好的防治效果。

三、小麦根腐病

小麦根腐病又称小麦根腐叶斑病或黑胚病、青死病、青枯病等。全国各地麦区均有发生，是麦田常发病害之一。一般减产10%~30%，重者发病率20%~60%或更多。

（一）症状识别

小麦整个生育期都可引发根腐病。幼苗染病后在芽鞘上产生黄褐色至褐黑色梭形斑，边缘清晰，中间稍褪色，扩展后引起种根基部、根间、分蘖节和茎基部变褐色腐烂，最后根系朽腐，麦苗平铺在地上，下部叶片变黄，逐渐黄枯而亡。成株叶上病斑初期为梭形或椭圆形褐斑，扩大后呈椭圆形或不规则褐色大斑，病斑融合成大斑后枯死，严重的整叶枯死。叶鞘染病产生边缘不明显的云状块，与其连接叶片黄枯而死。叶鞘上病斑不规则，常形成大型云纹状浅褐色斑，扩大后整个小穗变褐枯死并产生黑霉。病小穗不能结实，或虽结实但种子带病，种胚变黑。黑胚病不仅会降低种子发芽率，而且对小麦制品颜色等会产生一定影响（图1-11至图1-14）。

（二）发生规律

小麦根腐病是真菌性病害，病菌以菌丝体和厚垣孢子在小麦、大麦、黑麦、燕麦、多种禾本科杂草的病残体和土壤中越冬，翌年成为小麦根腐病的初侵染源。发病后病菌产生的分生孢子再借助于气流、雨水、轮作、感病种子传播，该菌在土壤中存活2年以上。根腐病的流行程度与菌源数量、栽培管理措施、气象条件和寄主抗病性等因素有关。生产上播种带菌种子可导致苗期发病。幼苗受害程度随种子带菌量增加而加重，侵染源多则发病重。耕作粗放、土壤板结、播种覆土过厚、春麦区播种过迟、冬麦区过早以及小麦连作、种子带菌、田间杂草多、地下害虫引起根部损伤均会引起根腐病。麦田缺氧、植株早衰或叶片叶龄期长，小麦抗病力下降，则发病重。麦田土壤温度低或土壤湿度过低或过高易发病，土质瘠薄，抗病力下降及播种过早或过深发病重。小麦抽穗后出现高温、多雨的潮湿气候，病害发生程度明显加重。栽培中高氮肥和频繁的灌溉方式，亦会加重该病的发生。

图1-11 小麦根腐病苗期症状

图1-12 小麦根腐病后期症状

图1-13 中后期叶部症状

图1-14 茎基部与穗部症状

（三）防治措施

1. 农业防治

与油菜、亚麻、马铃薯及豆科植物轮作换茬；适时早播、浅播，合理密植；中耕除草，防治苗期地下害虫；平衡施肥，施足基肥，及时追肥，不要偏施氮肥；灌浆期合理灌溉，降低田间湿度；选用抗病耐病丰产品种。

2. 种子处理

播种前可用50%异菌脲可湿性粉剂或75%萎锈·福美双可湿性粉剂、58%甲霜·锰锌可湿性粉剂、70%代森锰锌可湿性粉剂、50%福美双可湿性粉剂、20%三唑酮乳油，按种子重量的0.2%~0.3%拌种，防效可达60%以上。

3. 药剂防治

返青—拔节期喷洒25%丙环唑乳油33ml，或每亩用50%萎锈·福美双可湿性粉剂100g或50%氯溴异氰尿酸水溶性粉剂60g，对水75kg喷洒。在小麦灌浆初期用25%丙环唑乳油50ml/亩，或25%嘧菌酯悬浮剂20g/亩、5%烯肟菌胺乳油80ml/亩，或12.5%腈菌唑乳油60ml/亩加水30~50kg均匀喷雾。

四、小麦全蚀病

（一）症状识别

小麦全蚀病主要为害小麦根部和茎秆基部。此病一旦发生，蔓延速度较快，一般一块地从零星发生到成片死亡，只需三年，发病地块有效穗数、穗粒数及千粒重降低，造成严重的产量损失，一般减产10%~20%，重者达50%以上，甚至绝收，是一种毁灭性病害。

该病幼苗期病原菌主要侵染种子根、地下茎，使之变黑腐烂，称为"黑根"，部分次生根也受害；病苗基部叶片黄化，分蘖减少，生长衰弱，严重时死亡。拔节后根部变黑腐烂，茎基部1~2节叶鞘内侧和茎秆表面布满黑褐色菌丝层。抽穗灌浆期，茎基部明显变黑腐烂，形成典型的"黑脚"症状，病部叶鞘容易剥离，叶鞘内侧与茎基部的表面形成"黑膏药"状的菌丝层。田间病株成簇或点片状分布（图1-15至图1-18）。

图1-15 小麦全蚀病根部症状

图1-16 小麦全蚀病茎基部症状

图1-17 小麦全蚀病白穗症状

图1-18 小麦全蚀病黑根症状

（二）发生规律

该病是真菌性病害，病菌是一种土壤寄居菌，在土壤中存活1～5年不等，是一种土传病害。施用带有病残体的未腐熟的粪肥、水流可传播病害，多雨，高温，地势低洼麦田发病重。早播、冬春低温以及土质疏松、瘠薄、碱性、有机质少，缺磷、缺氮的麦田发病均重。有病害上升期、高峰期、下降期和控制期等明显的不同阶段，只要病害到达高峰后，一般经1～2年后病害就自然得到控制，出现自然衰退现象的原因与土壤中拮抗微生物群逐年得到发展有关。

（三）防治措施

1. 植物检疫

保护无病区，控制初发病区，治理老病区。无病区严禁从病区调运种子，不用病区麦秸作包装材料外运。

2. 农业措施

（1）合理轮作，因地制宜，实行小麦与棉花、薯类、花生、豌豆、大蒜、油菜等非寄主作物轮作1~2年。

（2）增施有机肥，磷肥，促进拮抗微生物的发育，减少土壤表层菌源数量；深耕细耙，及时中耕灌排水。

（3）选用抗病耐病品种。

3. 药剂防治

（1）种子包衣。用12.5%硅噻菌胺按种子重量20ml拌种10kg，或3%敌萎丹种衣剂50~100ml加2.5%咯菌腈悬浮种衣剂10~20ml，种衣剂按10~20ml包衣种子10kg。

（2）喷药防治。在小麦拔节期间，每亩用20%三唑酮乳油100~150ml，对水50~60kg，喷淋小麦茎基部，或用丙环唑、烯唑醇、菌霉净等可用作喷浇防治小麦全蚀病。

五、小麦丛矮病

小麦丛矮病，俗称坐坡、小老苗、小蘖病，是由北方禾谷花叶病毒引起的病毒病，由灰飞虱传播。

（一）症状识别

丛矮病在北方麦区普遍发生，轻病田减产一至二成，重病田减产五成以上，甚至绝收。感病植株分蘖增多，明显矮化，上部叶片从叶基部开始出现叶脉间褪绿，逐渐向叶尖扩展，形成不受叶脉限制的黄绿相间的条纹。心叶不伸展，不抽穗。秋苗发病重的植株不能越冬。拔节后感病的植株只有上部叶片有黄绿相间的条纹，能抽穗，但籽粒秕瘦（图1-19、图1-20）。

图1-19　小麦丛矮病田间症状　　图1-20　小麦丛矮病叶片条纹

（二）发生规律

小麦丛矮病由灰飞虱传播，灰飞虱刺吸带毒寄主后，可终生带毒。小麦出苗后，带毒灰飞虱由越夏寄主迁入麦田，刺吸麦苗传毒，造成秋苗发病。带毒灰飞虱在小麦、杂草根际或土缝中越冬，翌年在麦田继续传毒为害。小麦成熟后，灰飞虱迁至自生麦苗、禾本科杂草等寄主上越夏。该病害在邻近杂草地或靠近水渠草多的麦田发生重。小麦播种早，发病重；侵染越早，受害越重；秋季温度偏高，灰飞虱的活动时期长，有利于发病。

（三）防治措施

1.农业措施

适期晚播，播种前将田间和田边杂草彻底清除。

2.种子处理

70%吡虫啉可湿性粉剂30g，对水700ml，拌种10kg。

3.药剂防治

每亩用10%吡虫啉可湿性粉剂2 000倍液，或25%速灭威可湿性粉剂150g，或25%扑虱灵可湿性粉剂25～30g，对水30kg全田喷雾防治灰飞虱，或在地头喷5～7m药带，阻止灰飞虱侵入麦田。

六、小麦黄矮病

（一）症状识别

小麦黄矮病是由小麦蚜虫传染的一种病毒病，小麦从幼苗到成株期均能感病。小麦黄矮在我国冬春麦区都有不同程度的发生，感病小麦整株发病，黄化矮缩，流行年份可减产20%～30%，严重时减产50%以上。苗期感病时，叶片失绿变黄，病株矮化严重，其高度只有健株的1/3～1/2。被侵染的病苗根系浅、分蘖少，上部幼嫩叶片从叶尖开始发黄，逐渐向下扩展，使叶片中部也发黄，呈亮黄色，有光泽，叶脉间有黄色条纹。病叶较厚、较硬，叶背蜡质较多。拔节期被侵染的植株，只有中部以上叶片发病，病叶也是先从叶尖开始变黄，通常变黄部分仅达叶片的1/3～1/2处，病叶亮黄色，变厚、变硬。有的病叶叶脉仍为绿色，因而出现黄绿相间的条纹。后期全叶干枯，有的变为白色，多不下垂。病株，矮化现象不很明显，但秕穗率增加，千粒重降低。穗期感病的麦株仅旗叶发黄，症状同上。个别品种染病后，叶片变紫（图1-21、图1-22）。

（二）发生规律

小麦黄矮病由传毒麦蚜为害麦苗感病。冬季以若虫、成虫或卵在麦苗、杂草的基部或根际越冬。翌年春季为害和传毒，因此春秋两季是黄矮病传播和侵染的主要时期，春季更是黄矮病的主要流行时期。

图1-21　小麦黄矮病病株与健株　　图1-22　小麦黄矮病症状

（三）防治措施

1. 农业防治

选用抗病、耐病品种；加强栽培管理，增施有机肥，扩大水浇面积，创造不利于蚜虫繁殖的生态环境，冬麦区避免过早、过迟播种；清除田间杂草，减少毒源寄主。

2. 种子处理

用0.3%或0.5%灭蚜松可湿性粉剂拌种，拌种后堆闷12h，残效期达40天左右。拌种地块冬前一般不治蚜。

3. 药剂防治

根据虫情调查结果决定，一般在10月下旬至11月中旬喷一次药，以防治麦蚜，在田间蔓延、扩散，减少越冬虫源基数。返青到拔节期防治1～2次，就能控制麦蚜与黄矮病的流行。药剂种类和使用浓度为：50%灭蚜松乳油1 000～1 500倍液；10%吡虫啉可湿性粉2 000～3 000倍液，还可采用25%氰戊·辛硫磷乳油、高效氯氰菊酯等。当蚜虫和黄矮病混合发生时，应采用治蚜、防治病毒病和健身管理相结合的综合措施。将杀蚜剂、防治病毒剂（20%吗胍·乙酸铜可湿性粉剂、1.5%烷醇·硫酸铜可湿性粉剂、菌毒清任意一种）和叶面肥、植物生长调节剂（如腐殖酸、芸薹素内酯等）按适当比例混合喷雾，将可收到比较好的效果。

七、小麦纹枯病

小麦纹枯病在黄淮麦区发生普遍，且为害严重。

（一）症状识别

小麦纹枯病主要发生在小麦茎秆和叶鞘上，发病初期，在近地表的叶鞘上产生周围褐色、中央淡褐色至灰白色的梭形病斑，后逐渐扩展至茎秆叶鞘上（侵茎）且颜色变深，形成云纹状花纹，病斑无规则，严重时可包围全叶鞘，使叶鞘及叶片早枯；重病株茎基1～2节变黑甚至腐烂、烂茎抽不出穗而形成枯孕穗或抽后形成白穗，结实少，籽粒秕瘦。小麦生长中后期，叶鞘上的病斑常有时可见到一些白色菌丝状物，空气潮湿时上面初期散生土黄色至黄褐色霉状小团，后逐渐变褐；形成圆形或近圆形颗粒状物，即病菌的菌核（图1-23、图1-24）。

图1-23　中部叶鞘症状　　　　图1-24　后期白穗症状

（二）发生规律

小麦纹枯病是真菌性病害，以菌核附着在植株病残体上或落入土中越夏或越冬，成为初侵染的主要来源。被害植株上菌丝伸出寄主表面，对邻近麦株蔓延进行再侵染。小麦播种早、播量大、氮肥多、长势旺，浇水多或阴雨天气造成湿度大，有利于病害的发生。主要引起穗粒数减少，千粒重降低，还引起倒伏。一般病田减产10%左右，严重时减产30%～40%。

（三）防治措施

1. 农业防治

适期适时适量播种；增施有机肥，氮磷钾肥配方使用；实行合理轮作，减少传播病菌源基数；合理灌水，及时中耕，降低田间湿度，促使麦苗健壮生长和抗病能力；选用抗病和耐病品种。

2. 种子处理

选用有效药剂包衣（或拌种），可用2.5%咯菌腈悬浮种衣剂10～20ml或2%的戊唑醇湿拌种剂10～20g拌种10kg；或用10%三唑醇粉剂按种子量的0.3%拌种。

3. 药剂防治

小麦返青后病株率达5%～10%（一般在3月中旬前后）喷药，在纹枯病发生地区或重发生年份，每亩用70%甲基硫菌灵可湿性粉剂70～100g，或20%三唑酮乳油30～50ml，或12.5%烯唑醇可湿性粉剂30～40g，或24%噻呋酰胺悬浮剂20ml对水50～60kg喷雾，或20%丙环唑乳油1 000～1 500倍喷雾（注意尽量将药液喷到麦株茎基部）；第二次用药在第一次用药后15天左右施用，可有效防治本病。或用氯溴异氰尿酸、戊唑醇、己唑醇等防治。

八、小麦锈病

小麦锈病又叫黄疸病，是由柄锈属真菌侵染引起的一类病害，分条锈病、叶锈病和秆锈病三种。

（一）症状识别

1. 小麦条锈病特征

小麦条锈病是一种气传病害，病菌随气流长距离传播，可波及全国。该病菌主要为害小麦的叶片，也可为害叶鞘、茎秆和穗部。小麦感病后，初呈褪绿色的斑点，后在叶片的正面形成鲜黄色的粉疱（即夏孢子堆）。夏孢子堆较小，长椭圆形，在叶片上排列成虚线状，与叶脉平行，常几条结合在一起成片着生。到小麦接近成熟时，在叶鞘和叶片上长出黑色、狭长形、埋伏于表皮下面的条状疱斑的孢子，即病菌的冬孢子。条锈病主要在西北冷凉春麦区越夏，华北麦区侵染来源主要来自陇南、陇东、西南等夏孢子可以越冬的麦区。春季小麦锈病流行的条件有：有一定数量的越冬菌源；有大面积感病品种；当地3—5月雨量较多，早春气温回升快，外来菌源多而早时，则小麦中后期突发流行，减产严重（图1-25至图1-28）。

图1-25　小麦条锈病初期病状　　图1-26　小麦条锈病后期病状

图1-27 大田初期病状

图1-28 大田后期病状

2. 小麦叶锈病特征

　　小麦叶锈病分布于全国各地，发生较为普遍。叶锈病主要发生在叶片，也能侵害叶鞘。发病初期，受害叶片出现圆形或近圆形红褐色的夏孢子堆。夏孢子堆较小，一般在叶片正面不规则散生，极少能穿透叶片，待表皮破裂后，散出黄褐色粉状物。即夏孢子，后期在叶片背面和叶鞘上长出黑色阔椭圆形或长椭圆形、埋于表皮下的冬孢子堆。小麦叶锈病菌较耐高温，在自生小麦苗上发生越夏，秋播小麦出土后叶锈菌又从自生麦苗上转移到冬小麦麦苗上。播种较早，气温较高，利于叶锈病的生长，小麦发病受害重。播种较晚，气温较低，不能形成夏孢子堆，多以菌丝潜伏在麦叶内越冬（图1-29、图1-30）。

图1-29 小麦叶锈病为害叶片

图1-30 小麦叶锈病大田症状

3. 小麦秆锈病特征

小麦秆锈病分布于全国各地，病害流行年份，常来势凶猛、为害大，可在短期内引起较大损失，造成小麦严重减产。秆锈病主要发生在小麦叶鞘、茎秆和叶鞘基部，严重时在麦穗的颖片和芒上也有发生，产生很多的深红褐色、长椭圆形夏孢子堆，常散生，表皮破裂而外翻。小麦发育后期，在夏孢子堆或其附近产生黑色的冬孢子堆。小麦秆锈病的流行主要与品种、菌源基数、气象条件有关。该病菌在华北麦区不能越冬，春末夏初的致病菌原主要来自东南麦区。一般在小麦抽穗期——乳熟期这一阶段前后的田间湿度等关键因素影响病害流行，也是秆锈菌夏孢子萌发和浸染的主要时期（图1-31至图1-34）。

图1-31　小麦秆锈病初期病状

图1-32　小麦秆锈病中期病状

图1-33　小麦秆锈病后期病状

图1-34　小麦秆锈病大田状

（二）发生规律

我国凡是有小麦种植的区域，都有一种或两三种锈病发生，广泛分布于我国各小麦产区。小麦条锈病病菌越冬的低温界限为最冷月份月均温-7～-6℃，如有积雪覆盖，即使低于-10℃仍能安全越冬。华北以石德线到山西介休、陕西黄陵一线为界，以北虽能越冬但越冬率很低，以南每年均能越冬且越冬率较高。黄河以南不仅能安全越冬且越冬叶位较高。再南到四川盆地、鄂北、豫南一带，冬季温暖，小麦叶片不停止生长，加上湿度较大，条锈病病菌持续逐代侵染，已不存在越冬问题。

条锈病病菌以夏孢子在小麦为主的麦类作物上逐代侵染而完成周年循环。夏孢子在寄主叶片上，在适合的温度（14～17℃）和有水滴或水膜的条件下侵染小麦。三种锈病病菌的夏孢子在萌发和侵染上的共同点是都需要液态水，侵入率和侵入速度取决于露时和露温，露时越长，侵入率越高；露温越低，侵入所需露时越长。在侵染上的不同点主要是三者要求的温度不同，条锈病病菌最低，叶锈病病菌居中，秆锈病病菌最高。

条锈病病菌在小麦叶片组织内生长，潜育期长短因环境不同而异。当有效积温达到150～160℃时，便在叶面上产生夏孢子堆。每个夏孢子堆可持续产生夏孢子若干天，夏孢子繁殖很快。这些夏孢子可随风传播，甚至可被强大的气流带到1 500～4 300m的高空，吹送到几百甚至上千千米以外的地方而不失活性，进行再侵染。因此，条锈病病菌借助风力吹送，在高海拔冷凉地区晚熟春麦和晚熟冬麦自生麦苗上越夏，在低海拔温暖地区的冬麦上越冬，完成周年循环。

条锈病病菌在高海拔地区越夏的菌源及其邻近的早播秋

苗菌源，借助秋季风力传播到冬麦地区进行为害。在陇东、陇南一带10月初就可见到病叶，黄河以北平原地区10月下旬以后可以见到病叶，淮北、豫南一带在11月以后可以见到病叶。在我国黄河、秦岭以南较温暖的地区，小麦条锈病病菌不需越冬，从秋季一直到小麦收获前，可以不断侵染和繁殖为害。但在黄河、秦岭以北冬季小麦生长停止地区，病菌在最冷月日均气温不低于-6℃，或有积雪不低于-10℃的地方，主要以潜育菌丝的状态在未冻死的麦叶组织内越冬，待翌年春季温度适合生长时，再繁殖扩大为害。

小麦条锈病在秋季或春季发病的轻重主要与夏、秋季和春季雨水的多少、越夏越冬的菌源量和感病品种的面积大小关系密切。一般来说，秋冬、春夏交替时雨水多，感病品种面积大，菌源量大，条锈病就发生重，反之则轻。

（三）防治措施

小麦锈病的防治应贯彻"预防为主，综合防治"的植保方针，重点抓好应急防治。防治应做到准确监测，带药侦察，发现一点，控制一片，坚持点片防治与普治相结合，群防群治与统防统治相结合，把损失降到最低限度。

1. 农业防治

在锈病易发区，不宜过早播种；及时排灌，降低麦田湿度抑制病菌夏孢子萌发；清除自生、寄生苗，减少越夏菌源。合理施肥，避免氮肥施用过多过晚，增施磷钾肥，促进小麦生长发育，提高抗病能力。选用抗病丰产良种，做好抗锈品种的合理布局，切断菌源传播路线。

2. 种子处理

小麦播种时采用三唑酮等三唑类杀菌剂进行拌种或种子包衣，可有效防治锈病的发生。目前应用于防治小麦锈病的拌种药剂主要为15%或25%三唑酮可湿性粉剂、12.5%烯唑醇可湿性粉剂、30%戊唑醇悬浮种衣剂等。如用三唑酮按种子重量0.03%的有效成分拌种，或12.5%烯唑醇按种子重量0.12%有效成分拌种。晾干后播种，随拌随播，切勿闷种，可提高种子的抗病性。

3. 药剂防治

在小麦拔节至抽穗期，条锈病病叶率达到1%左右时，开始喷药，以后隔7～10天再喷1次。药剂可选用20%三唑酮乳油30～50ml/亩，或15%三唑酮可湿性粉剂75g/亩，或12.5%烯唑醇可湿性粉剂15～30g/亩，对水50～60kg叶面喷雾。

九、小麦茎基腐病

（一）症状识别

小麦茎基腐病在幼芽、幼苗、成株根系、茎叶和穗部均可受害，以根部受害最重，是近几年新发生病害之一。播种后种子受害，幼芽鞘受害成褐色斑痕，严重时腐烂死亡。苗期受害根部产生褐色或黑色病斑。成株期受害植株茎基部出现褐色条斑，严重时茎折断枯死，或虽直立不倒，但提前枯死，枯死植株青灰色，白穗不实，俗称"青死病"，人工拔时茎基部易折断，拔起病株可见根毛和主根表皮脱落，根冠部变黑并黏附土粒。叶片上病斑初为梭形小斑，后扩大成长圆形或不规则形斑块，边缘不规则，中央浅褐色至枯黄色，周围深绿色，有时有褪绿晕圈。穗部发病在颖壳基部形成水浸状斑，后变褐色，表面敷生黑色霉层，穗轴和小穗轴也常变褐腐烂，小穗不实或种子不饱满，在高温条件下，穗颈变褐腐烂，使全穗枯死或掉穗。麦芒发病后，产生局部褐色病斑，病斑部位以上的一段芒干枯。种子被侵染后，胚全部或局部变褐色，种子表面也可产生梭形或不规则形暗褐色病斑（图1-35、图1-36）。

（二）发生规律

小麦茎基腐病是真菌性病害，病菌主要以菌丝体潜伏在种子内和病残体中越夏、越冬，小麦播种后，种子和土壤中的病菌侵染幼芽和幼苗，造成芽腐和苗腐。分生孢子可随气流或雨滴飞溅传播，侵染麦株地上部位。生育后期高温多雨，可大流行。田间病残体多，腐解慢，病菌数量就多，发病重。连作麦田，发病较重。幼苗出土慢，发病重。土温20℃以上，高湿，有利发病。土质贫瘠、水肥不足易发病。小麦遭受冻害、旱害或涝害，可加重病害发生。

图1-35　根部典型症状　　　　图1-36　白穗症状

（三）防治措施

1. 农业防治

因地制宜选用抗病、耐病品种，选无病种子。适期早播、浅播，避免在土壤过湿、过干条件下播种。增施有机肥、磷钾肥，返青时追施适量速效性氮肥。合理排灌，防止小麦长期过旱过涝，越冬期注意防冻。勤中耕，清除田间禾本科杂草。麦收后及时翻耕灭茬，促进病残体腐烂。秸秆还田后要翻耕，埋入地下。与非禾本科作物轮作，避免或减少连作。

2. 种子处理

播种前进行药剂拌种，药剂可以选用25g/L咯菌腈悬浮种衣剂、12.5%烯唑醇乳油，或50%代森锰锌可湿性粉剂，或50%多菌灵可湿性粉剂，或50%福美双可湿性粉剂，用量为种子重量的0.2%~0.3%。

3. 药剂防治

发病初期喷洒50%福美双可湿性粉剂500倍液，或20%三唑酮乳油2 000倍液，或15%三唑醇可湿性粉剂2 000倍液，或70%甲基硫菌灵可湿性粉剂或70%代森锰锌可湿性粉剂500倍液喷雾。或50%氯溴异氰尿酸可湿性粉剂50~60g/亩对水喷雾，7~10天后再喷1次。

第二节　小麦虫害

一、麦蜘蛛

（一）症状识别

在中国小麦产区常见的麦蜘蛛主要有两种：麦长腿蜘蛛和麦圆蜘蛛。北方以麦长腿蜘蛛为主，南方以麦圆蜘蛛为主。麦圆蜘蛛以为害小麦为主，主要分布在地势低洼、地下水位高、土壤黏重、植株过密的麦田。麦长腿蜘蛛主要发生在地势高燥的干旱麦田。麦蜘蛛在冬前或春季以成、若虫刺吸叶片汁液，被害麦叶出现黄白小点，植株矮小，发育不良，重则干枯死亡（图1-37、图1-38）。

（二）发生规律

麦长腿蜘蛛每年发生3~4代，麦圆蜘蛛每年发生2~3代，两者都是以成若虫和卵在植株根际、杂草上或土缝中越冬，翌年2月中旬成虫开始活动，越冬卵孵化，3月中下旬至4月上旬虫口密度迅速增大，为害加重，5月中下旬，成虫数量急剧下降，以卵越夏。越夏卵10月上中旬陆续孵化，在小麦幼苗上繁殖为害，喜潮湿，多在8时以前和17时以后活动为害，12月以后若虫减少，越冬卵增多，以卵或成虫越冬。

图1-37　麦蜘蛛为害叶片　　　图1-38　麦蜘蛛为害成株

（三）防治措施

1. 农业防治

因地制宜采用轮作倒茬，麦收后浅耕灭茬能杀死大量虫体、可有效消灭越夏卵及成虫，减少虫源；合理灌溉灭虫，在红蜘蛛潜伏期灌水，可使虫体被泥水黏于地表而死。灌水前先扫动麦株，使红蜘蛛假死落地，随即放水，收效更好；加强田间管理，增强小麦自身抗病虫害能力。及时进行田间除草，以有效减轻其为害。

2. 药剂防治

当麦垄单行33cm有虫200头时防治。可选用红蜘蛛药剂为1.8%阿维菌素4 000~5 000倍液，或15%哒螨灵乳油2 000~

3 000倍液，或20%哒螨灵可湿性粉剂3 000～4 000倍液，或50%马拉硫磷乳油2 000倍液喷雾。

二、麦茎谷蛾

麦茎谷蛾，俗称麦螟、钻心虫、蛀茎虫，属鳞翅目夜蛾科。在北方麦区均有发生，造成枯心和死穗，影响产量。

（一）症状识别

麦茎谷蛾一年发生1代，以低龄幼虫在麦苗心叶中越冬。返青后幼虫开始在心叶钻蛀为害，拔节期造成小麦心叶残缺、扭曲或枯心。抽穗期为害加重，幼虫钻蛀茎节，蛀食穗节基部形成白穗。一头幼虫可转移为害2～3株小麦（图1-39、图1-40）。

图1-39　麦茎谷蛾幼虫

图1-40　麦茎谷蛾为害状

（二）发生规律

5月上中旬幼虫老熟，在旗叶或倒2叶叶鞘内结成白色网状虫茧化蛹，蛹期20天。5月下旬至6月上旬小麦成熟期蛹羽化，6月中旬成虫盛发。成虫有假死性，中午前后最为活跃，下午飞到隐蔽场所。潜藏在屋檐、墙缝、草垛和老树皮内越夏，秋季飞到麦田产卵，邻近村庄的麦田发生重。

（三）防治措施

1. 药剂防治

拔节期用50%辛硫磷乳油1 500～2 000倍液或90%敌百虫可溶粉剂1 000倍液喷雾。

2. 人工防治

成株期发现麦茎谷蛾为害造成的枯白穗，剪除倒2叶以上的枯白穗部分，带出田外烧毁或深埋，减少虫源，减轻翌年为害。

三、麦叶蜂

（一）症状识别

麦叶蜂有小麦叶蜂、黄麦叶蜂和大麦叶蜂三种。麦叶蜂幼虫为害小麦叶片，从叶边缘向内咬成缺刻，重者可将叶片吃光。严重发生年份，麦株可被吃成光秆，仅剩麦穗，使麦粒灌浆不足，影响产量（图1-41、图1-42）。

图1-41　麦叶蜂幼虫为害叶片　　图1-42　麦叶蜂幼虫为害麦穗

（二）发生规律

在北方一年发生1代，4月上旬至5月初是幼虫为害盛期，幼虫有假死性，1~2龄期为害叶片，3龄后怕光，白天伏在麦丛中，傍晚后为害，4龄幼虫食量增大，虫口密度大时，可将麦叶吃光，5月上中旬老熟幼虫入土作土茧越夏休眠，到10月间化蛹越冬。幼虫喜欢潮湿环境，土壤潮湿，麦田湿度大，通风透光差，有利于它的生长。

（三）防治措施

1. 农业防治

在种麦前深翻耕，可把土中休眠的幼虫翻出，使其不能正常化蛹，以致死亡；有条件地区实行水旱轮作，进行合理倒茬，可降低虫口密度，减轻该虫为害；利用麦叶蜂幼虫的假死习性，傍晚时进行捕打灌水淹没。

2. 药剂防治

防治标准是每平方米有虫30头以上需要用药剂防治。可用40%辛硫磷乳油1 500倍液喷雾，或20%高效氯氰菊酯2 000~3 000倍稀释液，或10%吡虫啉3 000~4 000倍液，每亩对水50~60kg喷雾。

四、麦茎蜂

（一）症状识别

麦茎蜂又名烟翅麦茎蜂、乌翅麦茎蜂，是小麦上的主要害虫。国内各地均有分布，以青海、甘肃、陕西、山西、河南、湖北为主。以幼虫钻蛀茎秆，向上向下打通茎节，蛀食茎秆后老熟幼虫向下潜到小麦根茎部为害，咬断茎秆或仅留表皮连接，断口整齐。轻者田间出现零星白穗，重者造成全田白穗、局部或全田倒伏，导致小麦籽粒瘪瘦，千粒重大幅下降，损失严重（图1-43、图1-44）。

图1-43　麦茎蜂幼虫　　　　　图1-44　蛀通小麦茎节

（二）发生规律

麦茎蜂1年发生1代，以老熟幼虫在茎基部或根茬中结薄茧越冬。翌年小麦孕穗期陆续化蛹，小麦抽穗前进入羽化高峰。卵多产在茎壁较薄的麦秆里，产卵量50～60粒，产卵部位多在小麦穗下1～3节的组织幼嫩的茎节附近。幼虫孵化后取食茎壁内部，3龄后进入暴食期，常把茎节咬穿或整个茎秆食空，老熟幼虫逐渐向下蛀食到茎基部，麦穗变白；或将茎秆咬断，仅留表皮，断口整齐，易引起小麦倒伏。幼虫老熟后在根茬中结透明薄茧越冬。

（三）防治措施

1.农业防治

麦收后及时灭茬，秋收后深翻土壤，破坏该虫的生存环境，减少虫口基数。选育秆壁厚或坚硬的抗虫品种。

2.化学防治

可在小麦抽穗前，选用20%氰戊菊酯乳油1 500～2 000倍液，或4.5%高效氯氰菊酯乳油1 000倍液，喷雾防治成虫。

五、小麦蚜虫

（一）症状识别

小麦蚜虫又名腻虫，是小麦生产中的主要害虫，以成虫、若虫刺吸麦株茎、叶和嫩穗的汁液为害小麦（直接为害），再加上蚜虫排出的蜜露，落在麦叶片上，严重地影响光合作用（间接为害）。前期为害可造成麦苗发黄，影响生长，后期被害部分出现黄色小斑点，麦叶逐渐发黄，麦粒不饱满，严重时麦穗枯白，不能结实，甚至整株枯死，严重影响小麦产量（图1-45、图1-46）。

图1-45　小麦蚜虫为害叶片　　　　图1-46　小麦蚜虫为害麦穗

（二）发生规律

小麦蚜虫的越冬虫态及场所均依各地气候条件而不同，南方无越冬期，北方麦区、黄河流域麦区以无翅胎生雌蚜在麦株基部叶丛或土缝内越立，北部较寒冷的麦区，多以卵在麦苗枯叶上、杂草上、茬管中、土缝内越冬，而且越向北，以卵越冬率越高。从发生时间上看，麦二叉蚜早于麦长管蚜，麦长管蚜一般到小麦拔节后才逐渐加重。

麦蚜为间歇性猖獗发生，这与气候条件密切相关。麦长管蚜喜中温不耐高温，要求湿度为40%～80%，而麦二叉蚜则耐30℃的高温，喜干怕湿，湿度35%～67%为适宜。一般早播麦田，蚜虫迁入早，繁殖快，为害重；夏秋作物的种类和面积直接关系麦蚜的越夏和繁殖。

（三）防治措施

1. 农业防治

主要采用合理布局作物，冬、春麦混种区尽量使其单一化，秋季作物尽可能为玉米和谷子等；选择一些抗虫耐病的小麦品种，造成不良的食物条件，抑制或减轻蚜虫发生；冬麦适当晚播，实行冬灌，早春耙磨镇压，减少前期虫源基数。

2. 药剂防治

主要防治穗期蚜虫，抽穗后当蚜株率超过30%，百株蚜量超过1 000头，瓢蚜比小于1∶150就要及时防治。每亩用4.5%高效氯氰菊酯可湿性粉剂30～60ml，10%吡虫啉可湿性粉剂15～20g，50%抗蚜威可湿性粉剂10～15g，上述农药中任选一种，对水30kg喷雾。在上午露水干后或16时以后均匀喷雾，防治效果均较好，如发生较严重，还可用吡蚜酮、氟啶虫胺腈、啶虫脒等防治。

六、小麦黏虫

（一）症状识别

小麦黏虫属鳞翅目，夜蛾科。我国除新疆维吾尔自治区未见报道外，遍布各地。主要为害麦类、稻、粟、玉米等禾谷类粮食作物及棉花、豆类、蔬菜等多种植物。以幼虫啃食麦叶而影响小麦产量，大发生时可将作物叶片全部食光，造成严重损失。具群聚性、迁飞性、杂食性、暴食性，成为主要农业害虫之一（图1-47、图1-48）。

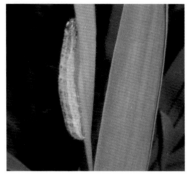

图1-47　黏虫为害小麦叶　　　　图1-48　黏虫为害麦穗

（二）发生规律

每年发生世代数各地不一，东北、内蒙古自治区2～3代，华北中南部3～4代，黄淮流域4～5代，长江流域5～6代，华南6～8代。第一代幼虫多发生在4—5月，主要为害小麦。

（三）防治措施

1. 诱杀成虫

（1）利用成虫多在禾谷类作物叶上产卵习性，自成虫开始产卵起至产卵盛期末止，在麦田插谷草把或稻草把，每亩地插10把，把顶应高出麦株15cm左右，每5天更换新草把，把换下的草把集中烧毁。

（2）生物诱杀成虫，利用成虫交配产卵前需要采食以补充能量的生物习性，采用具有其成虫喜欢气味（如性引诱剂等）配比出来的诱饵，配合少量杀虫剂进行诱杀成虫。可以减少90%

以上的化学农药使用量，大量诱杀成虫能大大减少落卵量及幼虫为害。只需80～100m喷洒一行，大幅减少人工成本，同时减少化学农药对食品以及环境的影响。此外也可用糖醋盆、黑光灯等诱杀成虫，都能有效降低虫口密度，减少虫卵基数。

2. 药剂防治

根据实际调查及预测预报，掌握在幼虫3龄前及时喷洒5%氟啶脲乳油4 000倍液，或20%灭幼脲1号悬浮剂500～1 000倍液，或25%灭幼脲3号悬浮剂500～1 000倍液，或40%氰戊菊酯·杀螟硫磷乳油2 000～3 000倍液，或40%氰戊·马拉硫磷乳油2 000～3 000倍液，或20%氰戊菊酯2 000～4 000倍液，或苗蒿素杀虫剂500倍液，或2.5高效氯氰菊酯乳油1 500～2 000倍液，或4%高氯·甲维盐1 000～1 500倍液。

七、小麦潜叶蝇

小麦潜叶蝇广泛分布于我国小麦产区，包括小麦黑潜叶蝇、小麦黑斑潜叶蝇、麦水蝇等多种，以小麦黑潜叶蝇较为常见，华北、西北麦区局部密度较高。

（一）症状识别

小麦潜叶蝇以雌成虫产卵器刺破小麦叶片表皮产卵及幼虫潜食叶肉为害。雌成虫产卵器在小麦第一、第二片叶中上部叶肉内产卵，形成一行行淡褐色针孔状斑点；卵孵化成幼虫后潜食叶肉为害，潜痕呈袋状，其内可见蛆虫及虫粪，造成小麦叶片半段干枯。一般年份小麦被害株率5%～10%，严重田小麦被害株率超过40%，严重影响小麦的生长发育（图1-49、图1-50）。

（二）发生规律

小麦黑潜叶蝇一般年份1年发生1～2代，以蛹在土中越冬，春小麦出苗期和冬小麦返青期羽化出土，先在油菜等植物上吸食花蜜补充营养，后在小麦叶子顶端产卵，孵化潜食小麦叶肉；幼虫约10天老熟，爬出叶外入土化蛹越冬。冬小麦返青早、长势好的田块，成虫产卵量大，为害重。小麦黑斑潜叶蝇发生世代不详，幼虫潜道细窄，老熟幼虫从虫道中爬出，附着在叶表化蛹和羽化，与小麦黑潜叶蝇在土中化蛹显著不同。麦水蝇在小麦生长发育期发生2代，以蛹或老熟幼虫在小麦叶鞘内越冬，翌年春季羽化，先在油菜上吸食花蜜补充营养，后交尾产卵，孵化后即蛀入叶内取食叶肉，潜道呈细长直线，幼虫龄期增大后，蛀入叶鞘为害。

图1-49　潜叶蝇幼虫　　　图1-50　潜叶蝇为害的叶肉

（三）防治措施

以成虫防治为主，幼虫防治为辅。

1.农业防治

清洁田园，深翻土壤。冬麦区及时浇封冻水，杀灭土壤中的蛹。加强田间管理，科学配方施肥，增强小麦抗逆性。

2.化学防治

（1）成虫防治。小麦出苗后和返青前，用2.5%溴氰菊酯乳油或20%甲氰菊酯乳油2 000～3 000倍液，均匀喷雾防治。

（2）幼虫防治。发生初期，用1.8%阿维菌素乳油3 000～5 000倍液，或4.5%高效氯氰菊酯乳油1 500～2 000倍液，或用20%阿维·杀单微乳剂1 000～2 000倍液，或用0.4%阿维·苦参碱水乳剂1 000倍液喷雾防治。

八、小麦吸浆虫

（一）症状识别

小麦吸浆虫常见的有麦红吸浆虫、麦黄吸浆虫两种。黄淮流域以麦红吸浆虫为主，麦黄吸浆虫少有发生。该虫幼虫潜伏在颖壳内吸食正在灌浆的麦粒汁液为害，其生长势和穗型不受影响，由于麦粒被吸空、麦秆表现直立不倒，具有假旺盛的长势。受害麦粒变瘦，甚至成空壳，出现"千斤的长势，几百斤甚至几十斤产量"的残局。吸浆虫对小麦产量具有毁灭性，一般可造成10%～30%的减产，严重的达70%以上，甚至绝收（图1-51、图1-52）。

图1-51　小麦吸浆虫为害为害麦穗　　图1-52　受害小麦成熟症状

（二）发生规律

麦红吸浆虫在每年发生1代，但幼虫有多年休眠习性，因此也有多年1代的可能。以幼虫在土中结圆茧越夏越冬，越冬幼虫3—4月化蛹，4月下旬成虫羽化，产卵于未扬花的颖壳内，幼虫吸食正在灌浆的麦粒汁液，5月下旬入土越夏。

（三）防治措施

1. 农业防治

施足基肥，春季少施化肥，使小麦生长发育整齐健壮。

2. 药剂防治

（1）幼虫期防治。在小麦播种前撒毒土防治土中幼虫，于播前整地时进行土壤处理。

（2）蛹期防治。蛹期防治是在小麦孕穗期进行，是防治该虫的关键时期。可用50%辛硫磷乳油150ml/亩、50%倍硫磷乳油75ml/亩，均匀撒在地表，然后进行锄地，把毒土混入表土层中，如施药后灌一次水，效果更好。

（3）成虫期防治。小麦齐穗期也可结合防治麦蚜，喷施50%马拉硫磷乳油35ml/亩、4.5%氯氰菊酯乳油40ml/亩、2.5%溴氰菊酯乳油或20%氰戊菊酯乳油2 000倍液防治成虫等。该虫卵期较长，发生严重时可连续防治2次。

第二章 玉米病虫害诊断与防治

第一节 玉米病害

一、玉米红叶病

（一）症状识别

玉米红叶病属于媒介昆虫蚜虫传播的病毒病，主要发生在甘肃省，在陕西、河南、河北等地也有发生。该病主要为害麦类作物，也侵染玉米、谷子、糜子、高粱及多种禾本科杂草。在红叶病重发生年，对生产有一定影响。

病害初发生于植株叶片的尖端，在叶片顶部出现红色条纹。随着病害的发展，红色条纹沿叶脉间组织逐渐向叶片基部扩展，并向叶脉两侧组织发展，变红区域常常能够扩展至全叶的1/3～1/2，有时在叶脉间仅留少部分绿色组织，发病严重时引起叶片干枯死亡（图2-1、图2-2）。

图2-1　玉米红叶病病叶　　　图2-2　玉米红叶病病株

（二）发生规律

病原菌为大麦黄矮病毒，传毒蚜虫有禾谷缢管蚜、麦二叉蚜、麦长管蚜、麦无网蚜和玉米蚜等多种蚜虫。在冬麦区，传毒蚜虫在夏玉米、自生麦苗或禾本科杂草上为害越夏，秋季迁回麦田为害。传毒蚜虫以若虫、成虫或卵在麦苗和杂草基部或根际越冬。翌年春季继续为害和传毒。秋、春两季是黄矮病传播侵染的主要时期，春季更是主要流行时期。麦田发病重、传毒蚜虫密度高，玉米发病也加重。玉米品种间发病有差异。病害发生的严重程度与当年蚜虫种群数量有关。

（三）防治措施

1.农业防治

在发病地区不种植高度感病的玉米品种；加强栽培管理，适期播种，合理密植，清除田间杂草。

2.药剂防治

防蚜控病，搞好麦田黄矮病和麦蚜的防治，减少侵染玉米的毒源和介体蚜虫，可有效减轻玉米红叶病的发生。

二、玉米青枯病

（一）症状识别

玉米青枯病又称玉米茎基腐病或茎腐病，是世界性的玉米病害，但在我国近年来才有严重发生。该病一般在玉米中后期发病，常见的在玉米灌浆期开始发病，乳熟末期到蜡熟期为高峰期，属一种暴发性、毁灭性病害，特别是在多雨寡照、高湿高温气候条件下容易流行，严重者减产50%左右，发病早的甚至导致绝收。感病后最初表现萎蔫，以后叶片自下而上迅速失水枯萎，叶片呈青灰色或黄色逐渐干枯，表现为青枯或黄枯（图2-3）。

病株雌穗下垂，穗柄柔韧，不易剥落，好粒瘪瘦，无光泽且脱粒困难。茎基部1~2节呈褐色失水皱缩，变软，髓部中空，或茎基部2~4节有呈梭形或椭圆形水浸状病斑，

图2-3 大田病株与健株症状

绕茎秆逐渐扩大，变褐腐烂，易倒伏。根系发育不良，侧根少，根部呈褐色腐烂，根皮易脱落，病株易拔起。根部和茎部有絮状白色或紫红色霉状物（图2-4至图2-7）。

图2-4 病株雌穗下垂

图2-5 髓部中空

图2-6 茎基部后期症状

图2-7 根部症状

（二）发生规律

引起青枯病的病原菌种很多，在我国主要为镰刀菌和腐霉菌。镰刀菌以分生孢子或菌丝体，腐霉菌以卵孢子在病残体内外及土壤内存活越冬，带病种子是翌年的主要侵染源。病菌借风雨、灌溉、机械、昆虫携带传播，通过根部或根茎部的伤口侵入或直接侵入玉米根系或植株近地表组织并进入茎节，营养和水分输送受阻，导致叶片青枯或黄枯、茎基溢缩、雌穗倒挂、整株枯死。种子带菌可以引起苗枯。

玉米籽粒灌浆和乳熟阶段遇较强的降水，雨后暴晴，土壤湿度大，气温剧升，往往导致该病暴发成灾。雌穗吐丝期至成熟期，降水多、湿度大，发病重；沙土地、土地瘠薄、排灌条件差、玉米生长弱的田块发病较重；连作、早播发病重。玉米品种间抗病性存在明显差异。

（三）防治措施

1. 农业防治

选用抗病、耐病品种。发病初期及时消除病株残体，并集中烧毁；收获后深翻土壤，也可减少和控制侵染源。玉米生长后期结合中耕、培土，增强根系吸收能力和通透性，雨后及时排出田间积水。合理施用硫酸锌、硫酸钾、氯化钾，可降低玉米细菌性茎腐病发病率。

2. 种子处理

用种衣剂包衣，建议选用咯菌·精甲霜悬浮种衣剂包衣种子，能有效杀死种子表面及播种后种子附近土壤中的病菌。

3. 药剂防治

一是防治害虫，减少伤口。二是喷药防治。用25%叶枯灵加25%甲霜灵粉剂600倍液，或用58%甲霜·锰锌粉剂600

倍液，在拔节期至喇叭口期喷雾预防，间隔7~10天，交替用药，连续喷药2~3次效果更佳。发现田间零星病株可用甲霜灵400倍液或多菌灵500倍液灌根，每株灌药液500ml。在玉米细菌性茎腐病发病初期用46%氢氧化铜水分散粒剂1 000~1 500倍液或农用链霉素4 000~5 000倍液喷雾，或50%氯溴异氰尿酸可湿性粉剂50~60g/亩对水喷雾，7~10天后再喷1次。

三、玉米丝黑穗病

（一）症状识别

玉米丝黑穗病是幼苗侵染和系统侵染的病害。苗期植株矮化、节间缩短、植株弯曲、叶片密集、叶色浓绿并有黄白条纹，到抽雄或出穗后甚至到灌浆后期才表现出明显病症。病株的雄穗、雌穗均可感染，严重的雄穗全部或部分小花受害，花器变形，颖片增长成叶片状，不能形成雄蕊，小花基部膨大形成菌瘿，呈灰褐色，破裂后散出大量黑粉孢子，病重的整个花序被破坏变成黑穗。果穗感病后外观短粗，无花丝，苞叶叶舌长而肥大，大多数苞叶外全部果穗被破坏变成菌瘿，成熟时苞叶开裂散出黑粉（即病菌的冬孢子），内混有许多丝状物即残留的微管束组织，故名丝黑穗病。发病严重时，病株丛生，果穗畸形，不结实，病穗黑粉甚少。多见的是雄花和果穗都表现黑穗症状，少数病株只有果穗成黑穗而雄花正常，雄花成黑穗而果穗正常的极少见到（图2-8至图2-11）。

（二）发生规律

丝黑穗病菌的冬孢子混杂在土壤中、粪肥中或黏附在种子表面越冬。带菌土壤和粪肥是主要侵染菌源。冬孢子在田间土壤中可存活2~3年。用带菌病残体、病土沤肥，若未腐熟，冬孢子仍有侵染能力。用病秸秆做饲料，冬孢子经过牲畜消化道后，并不会完全死亡。

越冬后的冬孢子，在适宜条件下萌发，产生担孢子，不同性别的担孢子萌发后相互结合，产生侵染菌丝。丝黑穗病菌的主要侵入部位是胚芽鞘和胚根。从种子萌发到7叶期，病原菌都能侵入发病，到9叶期不再侵入。出土前的幼芽期是主要侵入阶段，芽长2～3cm时最易侵入。病原菌侵入后，菌丝系统扩展，进入生长锥，最后进入果穗和雄穗。丝黑穗病没有再侵染现象。

病田连作，施用未腐熟的带菌堆肥、厩肥都可导致菌量增加，发病加重。玉米种子萌发和出苗阶段的环境条件对侵染发病有重要影响，在地温13～35℃范围内，病原菌都能侵染，16～25℃为侵染适温，22℃时侵染率最高。土壤含水量在15.5%时发病率最高，土壤过干或过湿，发病率都能有所降低。

各茬玉米中以春玉米发病最重，麦套玉米次之，夏玉米较轻。播种早，地温低，幼苗生长缓慢，玉米易感阶段拉长，侵染率增高。

图2-8 雄穗畸形

图2-9 雌穗畸形

图2-10　雄穗黑穗状　　　　　　图2-11　雌穗黑穗状

（三）防治措施

1. 农业防治

选用抗病、耐病品种；在玉米播种前和收获后及时清除田边、沟边残病株；避免连作，合理轮作，减少病源菌；结合间苗定苗，及时拔除病株，摘除感病菌囊、菌瘤深埋，以减少病源菌传播概率；施用充分腐熟的玉米秸秆有机厩肥、堆肥，预防病菌随粪肥传入田内；加强栽培管理促早出苗、健壮生长，提高自身抗病能力。

2. 土壤、种子处理

播种前药剂处理杀菌，多用50%多菌灵可湿性粉剂或者40%的五氯硝基苯粉剂，按种子量的0.5%～0.7%拌种。发病较重田块，麦收后播种前用0.1%五氯硝基苯或0.1%多菌灵进行土壤处理，防此病效果较好。

3. 药剂防治

前期可结合其他病虫害防治、喷施化控药物等时，加入50%多菌灵可湿性粉剂50～75g/亩，或250g/L丙环唑乳油1 000倍液，或加入代森锌、代森锰锌杀菌剂配制成600倍液预防。在该病害初发期用药防治，间隔7～10天，连续用药2～3次效果更佳。

四、玉米瘤黑粉病

（一）症状识别

玉米瘤黑粉病为玉米比较普遍的一种病害，为局部侵染病害，植株地上幼嫩组织和器官均可感染发病，病部的典型特点是会产生肿瘤。开始初发病瘤呈银白色，表面组织细嫩有光泽，并迅速膨大，常能冲破苞叶而外露，表面逐渐变暗，略带浅紫红色，内部则变成灰色至黑色，失水后当外膜破裂时，散出大量黑粉孢子。叶上、茎秆上发病形成密集成串小肿瘤，雄雌穗发病可部分或全部变成较大的肿瘤。发病严重时，影响植株代谢和养分积累，容易造成养分消耗过多而使籽粒干瘪，影响严重的可减产15%以上（图2-12至图2-15）。

图2-12 病叶

图2-13 病茎

图2-14 病雄穗

图2-15 病雌穗

（二）发生规律

病原菌主要以冬孢子在土壤中或病株残体上越冬，成为翌年的侵染菌源。未腐熟堆肥中的冬孢子和种子表面污染的冬孢子也可以越冬传病。病田连作，收获后不及时清除病残体，施用未腐熟农家肥，都会使田间菌源增多，发病趋重。越冬后的冬孢子萌发产生担孢子，不同性别的担孢子结合，产生双核侵染菌丝，从玉米幼嫩组织直接侵入，或者从伤口侵入。在玉米整个生育期都可以侵染致病。早期形成的肿瘤产生冬孢子和担孢子，可随气流、雨水、昆虫分散传播，引起再侵染。

（三）防治措施

1. 农业防治

选种抗病、耐病品种；做好种子处理，可用0.2%硫酸铅或三效灵克菌丹等按种子重量的4%药剂拌种，或用包衣剂包衣种子；秸秆还田用作肥料时要充分腐熟，该病害严重的地区或地块，秸秆不宜直接还田；田间遗留的病残组织应及时深埋，减少或消灭病菌侵染源；加强田管理，及时灌水，合理追肥，合理密植，增加光照，增强玉米抗病能力。

2. 药剂防治

在拔节期、喇叭口期结合防治害虫喷施三唑类杀菌剂防治瘤黑粉病，或用50%多菌灵可湿性粉剂600倍液，或用硝基苯酚、代森锰锌、井冈霉素等杀菌剂500～800倍液预防，每亩对水30～60kg，也可在初发期喷药防治。

五、玉米顶腐病

（一）症状识别

玉米顶腐病可分为真菌性镰刀菌顶腐病、细菌性顶腐病两种情况。成株期病株多矮小，但也有矮化不明显的，主要症状如下。

（1）叶缘缺刻型（图2-16），感病叶片的基部或边缘出现缺刻，叶缘和顶部褪绿呈黄亮色，严重时叶片的半边或者全叶脱落，只留下叶片中脉以及中脉上残留的少量叶肉组织。

（2）叶片枯死型（图2-17），叶片基部边缘褐色腐烂，有时呈"撕裂状"或"断叶状"，严重时顶部4～5叶的叶尖或全叶枯死。

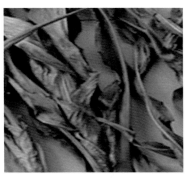

图2-16　叶缘缺刻型　　　　　图2-17　叶片枯死型

（3）扭曲卷裹型（图2-18），顶部叶片卷缩成直立"长鞭状"，有的在形成鞭状时被其他叶片包裹不能伸展形成"弓状"，有的顶部几个叶片扭曲缠结不能伸展常呈"撕裂状""皱缩状"。

（4）叶鞘、茎秆腐烂型（图2-19），穗位节的叶片基部变褐色腐烂的病株，常常在叶鞘和茎秆髓部也出现腐烂，叶鞘内侧和紧靠的茎秆皮层呈"铁锈色"腐烂，剖开茎部，可见内部维管束和茎节出现褐色病点或短条状变色，有的出现空洞，内生白色或粉红色霉状物，刮风时容易折倒。

（5）弯头型（图2-20），穗位节叶基和茎部感病发黄，叶鞘茎秆组织软化，植株顶端向一侧倾斜。

（6）顶叶丛生型（图2-21），有的品种感病后顶端叶片丛生、直立。

图2-18　扭曲卷裹型

图2-19　叶鞘、茎秆腐烂型

图2-20　弯头型

图2-21　顶叶丛生型

（二）发生规律

玉米顶腐病病原菌分为镰刀菌顶腐病、细菌性顶腐病两种，在土壤、病残体和带菌种子中越冬。种子带菌可远距离传播，使发病区域不断扩大。玉米抽雄前为该病的盛发期。该病具有某些系统侵染的特征，病株产生的分生孢子还可以随风雨传播，进行再侵染。在低温、多雨高湿条件下发生严重；土质黏重、低洼冷凉地块发病重；品种间抗性差异大。

（三）防治措施

1.农业防治

秸秆还田后深耕土壤，及时清除病株残体，减少病原菌数量；选用抗病耐病品种，合理轮作、间作，能有效减少该病发生；培肥土壤，适量追氮肥，尤其对发病较重地块更要及早追施，叶面喷施营养剂，补充营养元素，促苗早发、健壮，提高抗病能力。

2.适时化除

消灭杂草，减少蓟马、蚜虫、飞虱等传毒害虫，为玉米苗健壮生长提供良好的环境，以增强抗病能力。

3.药剂防治

合理使用药剂防治，发病地块可用广谱性杀菌剂进行防治，如50%多菌灵可湿性粉剂500倍液加硼微肥，或12.5%烯唑醇乳油加硼微肥1 000倍液喷施，或25%三唑酮乳油1 000倍液，或80%代森锰锌可湿性粉剂1 000倍液喷雾防治，或58%甲霜灵锰锌可湿性粉剂300倍液，或75%百菌清可湿性粉剂500倍等药剂进行防治。

六、玉米锈病

（一）症状识别

玉米锈病从幼苗期到成株期均可发病而造成较大的损失，以抽雄期、灌浆期发病重，随后发病逐渐降低。该病主要为害叶片、叶鞘，严重时也可侵染果穗、苞叶乃至雄花。初期仅在叶片两面散生浅黄色长形至卵形褐色小脓疱，后小疱破裂，散出铁锈色粉状物，即病菌夏孢子；后期病斑上生出黑色近圆形或长圆形突起，开裂后露出黑褐色冬孢子，长1~2mm（图2-22、图2-23）。

图2-22　玉米锈病初侵染病斑　　图2-23　玉米锈病成熟侵染病斑

（二）发生规律

锈菌是专性寄生菌，只能在寄主上存活，脱离寄主后，很快死亡。在自然条件下，玉米锈病病原菌的转主寄主是酢浆草。玉米上产生的冬孢子越冬后萌发，产生担孢子，担孢子侵染酢浆草，在酢浆草上相继产生性孢子和锈孢子。锈孢子侵染玉米，玉米发病后产生夏孢子堆和夏孢子。夏孢子释放后，随气流扩散传播，继续侵染玉米。在整个生长季节，可发生数次至十余次再侵染，酿成锈病流行。至生长季末期，在玉米上又产生冬孢子，进入越冬。

在栽培条件下，病原菌以夏孢子侵染不同地区、不同茬口的玉米，完成周年循环，转主寄主不起作用。在南方，终年有玉米生长，锈病可以在各茬玉米之间接续侵染，辗转为害。北方玉米发病的初侵染菌源来自南方，是随高空气流远距离传播的夏孢子。

温度适中、多雨高湿的天气适于普通锈病发生，气温16~23℃，相对湿度100%时发病重。对普通锈病感病的品种较多，例如，丹玉13、铁单8号、掖单12、掖单2号、掖单4号、掖单13、西玉3号和沈单7号等。但抗病性多是小种专化的，锈菌小种区系改变，品种抗病性也随之变化。

（三）防治措施

1. 农业防治

选用抗病、耐病优良品种；施用酵素菌沤制的堆肥、充分腐熟的有机肥，采用配方施肥，增施磷钾肥，避免偏施、过施氮肥，以提高植株的抗病性力；加强田间管理，清除酢浆草和病残体，集中深埋或烧毁，以减少该病菌侵染源。

2. 药剂防治

在发病初期及时喷洒40%多·硫悬浮剂600倍液、50%硫磺悬浮剂300倍液、97%敌锈钠原药250~300倍液、25%丙环唑乳油3 000倍液、12.5%烯唑醇可湿性粉剂4 000~5 000倍液，25%三唑酮可湿性粉剂1 000~1 500倍液、50%多菌灵可湿性粉剂500~1 000倍液，隔10天左右叶面喷洒1次，连续防治2~3次效果更佳。

七、玉米大斑病

（一）症状识别

玉米大斑病是叶部主要病害之一，玉米全生育期均可发生，但以拔节期——灌浆中期发生为主，在东北、华北、西北和南方山区的冷凉地区发病较重的真菌性病害。该菌主要为害叶片，严重时也可为害叶鞘、苞叶和籽粒。一般从下部叶片开始发病，逐渐向上扩展。苗期很少发病，拔节期后开始，抽雄后发病加重。发病部位最先出现水渍状小斑点，然后沿叶脉迅速扩大，形成梭形大斑，病斑中间颜色较浅，边缘较深，一般长5~20cm，宽1~3cm，严重发病时，多个病斑连片，导致叶片枯死，枯死部位腐烂。在叶鞘和苞叶上，可生成长形或不规则形暗褐色斑块，其表面也产生灰黑色霉层（图2-24、图2-25）。

图2-24 玉米大斑病梭形大斑　　图2-25 玉米大斑病叶片枯死

（二）发生规律

玉米大斑病菌主要以菌丝体随散落田间的病残体越冬，春季在病残体上产生分生孢子，由风雨传播，着落到玉米叶片上，产生初侵染。

玉米大斑病多发生于温度较低、湿度较高的地区，因而我国东北、西北、华北北部春玉米区和南方山区春玉米区病害发生较重。大斑病菌分生孢子萌发和侵入的适温为20~27℃，最适温度为23℃，在3℃以下和35℃以上基本不能侵入。病斑上产生孢子的适温为20~26℃，最适温度为23℃，在5℃以下和35℃以上基本不产生孢子。无论孢子产生还是孢子萌发，都需要90%以上的湿度或叶面有露水。在北方春玉米产区，6—7月的降水量是影响大斑病发病程度的关键因素。例如，吉林省若6月和7月的雨量都超过80mm，雨日较多，加之8月雨量适中，则为重病年。若这两个月的雨量和雨日都少，尤其7月的雨量低至40mm以下，那么即使8月雨量适中，仍为轻病年。

玉米连茬地和靠近村庄的地块，越冬菌源量多，初侵染发生得早而多，再侵染频繁，发病率较高。若肥水管理不良，玉米植株生育后期脱肥，则抗病性降低，发病加重。

（三）防治措施

1. 农业防治

以推广利用抗病品种，加强田间肥水管理，合理密植为主，选择抗病耐病品种；及时消除田间残茬、病株，及早焚烧或深埋，降低越冬病源基数，减少翌年该病害发生的初侵染源；加强田间管理，培育壮苗，提高植株抗病能力；合理密植，增施有机肥，合理浇水和雨后积水排出，及时中耕除草，创造不利于病害发生的环境条件。

2. 种子处理

烯唑醇、福美双拌种或包衣。

3. 药剂防治

当发现叶片上有病斑时，可用65％代森锰锌可湿性粉剂或50％多菌灵可湿性粉剂等杀菌剂防治。

八、玉米小斑病

（一）症状识别

玉米小斑病是世界范围内普遍发生的一种叶部病害，从幼苗期到成株期均可发病而造成损失，以抽雄期、灌浆期发病重，随后发病逐渐降低。该病主要为害叶片，也为害叶鞘和苞叶。与玉米大斑病相比，叶片上的病斑明显小，但数量多。病斑初为水浸状，后变为黄褐色或红褐色，边缘颜色较深，椭圆形、圆形或长网形，大小为（5~10）mm×（3~4）mm，病斑密集时连接成片，形成大型枯斑，多从植株下部叶片先发病，向上蔓延、扩展（图2-26、图2-27）。

图2-26　玉米小斑病病叶　　　　图2-27　玉米小斑病病株

叶片病斑形状因品种抗性不同，有3种类型。

（1）不规则椭圆形病斑，或受叶脉限制表现为近长方形，有较明显的紫褐色或深褐色边缘。

（2）椭圆形或纺锤形病斑，扩展不受叶脉限制，病斑较大，灰褐色或黄褐色，无明显深色边缘，病斑上有时出现轮纹。

（3）黄褐色坏死小斑点，基本不扩大，周围有明显的黄绿色晕圈，此为抗性病斑。

（二）发生规律

玉米小斑病病菌主要以菌丝体在病残体上越冬，其次是在带病种子上越冬。在适宜温度、湿度条件下，越冬菌源产生分生孢子，随气流传播到玉米植株上，在叶面有水膜的条件下萌发侵入，遇到适宜发病的温度、湿度条件，经5~7天即可重新产生分生孢子进行再侵染，造成病害流行。在田间，最初在植株下部叶片发病，然后向周围植株水平扩展、传播扩散，病株率达到一定数量后，向植株上部叶片扩展。

该病病菌产生分生孢子的适宜温度为23～25℃，适于田间发病的日均温度为25.7～28.3℃。7—8月，如果月均温度在25℃以上，雨日、雨量、露日、露量多的年份和地区，或结露时间长，田间相对湿度高，则发生重。对氮肥敏感，拔节期肥力低，植株生长不良，发病早且重。连茬种植、施肥不足，特别是抽雄后脱肥、地势低洼、排水不良、土质黏重、播种过迟等，均利于该病发生。

（三）防治措施

1. 农业防治

选择抗病、耐病品种。加强田间管理，消除越冬病源，做好秸秆还田、病株病叶残体焚烧或深埋，减少病原菌降低初浸染病源；田间管理上要合理密植，增施有机肥，合理浇、排水，及时中耕除草，促使玉米生长健壮，提高抗病力。

2. 药剂防治

做好种子处理：用烯唑醇、福美双等杀菌剂进行种子包衣，或者用多菌灵、辛硫磷、三唑酮、代森锰锌按种子量的0.4%拌种；当发现叶片上有病斑时，可用65%代森锌可湿性粉剂或50%多菌灵可湿性粉剂或70%甲基硫菌灵可湿性粉剂等杀菌剂500～800倍液喷雾防治，每5～7天喷药剂防治，连喷2～3次，可有效控制小斑病。

九、玉米圆斑病

（一）症状识别

圆斑病菌主要侵染玉米叶片、叶鞘、苞叶和果穗。在叶片上产生褐色病斑，因小种和品种不同，病斑的形状和大小有明显差异。吉63玉米染病后通常产生近圆形、卵圆形病斑，略具轮纹，中部浅褐色，边缘褐色，有时具黄绿色晕圈，直径大的可达3~5mm。有的品种病叶上产生狭长形、近椭圆形病斑，中部黄褐色，边缘深褐色，病斑狭窄，2个或3个病斑可首尾相连。还有的小种产生较狭长条形斑、同心轮纹斑等。圆斑病的病斑在高湿条件下也会形成黑色霉层（图2-28、图2-29）。

图2-28　圆斑病病叶　　　图2-29　相连成串的圆斑病

（二）发生规律

圆斑病菌主要以菌丝体随病残体在地面和土壤中越冬。种子也能带菌传病，病原菌以菌丝体潜藏在种子内部，也能以菌丝体和孢子附着在种子外表，种子之间还混杂有病叶碎片。

翌年春季，越冬病原菌生出分生孢子，随风雨传播而侵染玉米。在一个生长季节可发生多次再侵染。病原菌首先侵染玉米植株的下部叶片，陆续扩展到上位叶片、苞叶和果穗。玉米苗期就可被侵染，但一般在喇叭口期至抽雄期始发，灌浆期至乳熟期盛发。

对于感病品种，气象条件是决定发病程度的重要因素。7—8月高温多雨，田间湿度大的年份发病重，而干旱少雨的年份发病轻。遗留病残体多的重茬田块、低洼多湿田块、单施追肥而后期脱肥的田块发病都较重。适当晚播的，果穗抽出时已躲过高温多雨季节，因而比早播的发病轻。施足基肥，适当追施氮肥的田块发病也轻。

玉米自交系和杂交种的抗病性有明显差异。圆斑病菌有多个生理小种，需加强监测，了解小种区系的变化。

（三）防治措施

1. 种植抗病品种

抗圆斑病的自交系和杂交种有二黄、铁丹8号、英55、辽1311、吉69、武105、武206、齐31、获白、H84、017、吉单107、春单34、荣玉188、正大2393和金玉608及其他。虽然在推广品种中不乏抗病杂交种，但由于各地病原菌小种不同，在鉴选和推广抗病品种时一定要注意小种差异。

2. 农业防治

要搞好田间卫生，及时清除田间病残体，深埋秸秆，施用不含病残体的腐熟的有机肥，播种不带菌的健康种子。要加强水肥管理，降低田间湿度，培育壮苗、壮株。在发病初期及时摘除病株底部的病叶。

3. 药剂防治

播种前用15%三唑酮可湿性粉剂按种子重量的0.3%进行拌种，在发病初期喷施杀菌剂，具体方法参见玉米大斑病和小斑病的药剂防治。

十、玉米灰斑病

（一）症状识别

玉米灰斑病是真菌性病害，又称尾孢叶斑病、玉米霉斑病，除侵染玉米外，还可侵染高粱、香茅、须芒草等多种禾本科植物。玉米灰斑病是近年上升很快、为害较严重的病害之一。主要为害玉米叶片，也侵染叶鞘和苞叶。发病初期在叶脉间形成圆形、卵圆形褪绿斑，扩展后成为黄褐色至灰褐色的近矩形、矩形条斑，局限于叶脉之间，与叶脉平行。成熟的矩形病斑中央灰色，边缘褐色，长5～20mm，宽2～3mm。

高湿时病斑两面生灰色霉层，背面尤其明显，此时病斑灰黑色，不透明。病斑可相互汇合，形成大斑块，造成叶枯。苞叶上出现纺锤形或不规则形大病斑，病斑上有灰黑色霉层（图2-30至图2-33）。

图2-30　灰病斑扩展中的病斑

图2-31　褐色矩形病斑

图2-32　病斑汇合

图2-33　灰病斑病株上的枯叶

（二）发生规律

灰斑病菌主要随玉米病残体越冬。在干燥条件下保存的玉米病残体中，病原菌的菌丝体、分生孢子梗、分生孢子和子座都能顺利越冬。在潮湿条件下，病原菌只能在田间地表的病残体中越冬，但至翌年5月初已基本丧失生活力。在埋于土壤中的病残体中，病原菌不能越冬存活。玉米种子也能带菌传病。

（三）防治措施

1. 农业防治

收获后及时清除病残体，减少病菌源数量；选用抗病、耐病品种，进行大面积轮作、间作；加强田间管理，雨后及时排水，防止地表积水滞留湿度过大。

2. 药剂防治

发病初期喷洒75%百菌清可湿性粉剂500倍液、50%多菌灵可湿性粉剂600倍液、40%克瘟散乳油800~900倍液、50%苯菌灵可湿性粉剂1 500倍液、25%苯菌灵乳油800倍液、20%三唑酮乳油1 000倍液，每隔1周喷洒1次，交替用药连续喷2~3次效果更好。

十一、玉米粗缩病

（一）症状识别

玉米粗缩病由灰飞虱传播的病毒病，灰飞虱传毒是持久性的，卵可以带毒。带毒飞虱的若虫和成虫在麦田及田埂、地边杂草下越冬，成为翌年初侵染源。

该病主要为害幼苗，多在玉米六七叶出现症状，感病植株叶色浓绿，叶片宽、短、硬、脆、密集和丛生，在心叶基部及中脉两侧最初产生透明小亮点，以后亮点变为虚线状条纹，在叶背面沿叶脉产生微小的密集的蜡白色突起，用手触摸有明显的粗糙感觉。植株生长缓慢，矮化、矮小，仅为健株的1/3 ~ 1/2。有时在苞叶上也有小条点，病株根系少而短，易从土中拔出。发病严重时，植株雌雄穗不能发育抽出（图2-34、图2-35）。

图2-34　叶片背面症状　　　　　　图2-35　病成株期症状

（二）发生规律

　　玉米粗缩病在玉米整个生育期均可以侵染发病，侵染越早症状表现越明显，玉米苗期感病受害最重。病毒寄主范围十分广泛，主要侵染禾本科植物，如玉米、小麦、水稻、高粱、谷子以及马唐、稗草等。该病毒主要在小麦、多年生禾本科杂草及传毒介体灰飞虱上越冬。玉米出苗后，小麦和杂草上的灰飞虱即带毒迁至玉米上取食传毒，引起玉米发病。玉米5叶期前易感病，10叶期抗性增强。在玉米生长中后期，病毒再由灰飞虱携带向高粱、谷子等晚秋禾本科作物及马唐等禾本科杂草传播，秋后再传向小麦或直接在杂草上越冬，形成周年侵染循环。

（三）防治措施

1. 农业防治

选种抗、耐病品种；播期调节，麦田套种玉米此病发生相对较重，麦收后复种的感病相对较轻；灭茬及麦秸还田细碎地块发病较轻，不灭茬及麦秸还田粗放地块发病较重；在玉米播种前和收获后清除田边、沟边杂草，减少病源虫源；结合间苗定苗，及时拔除病株，以减少病株和毒源，严重发病地块及早改种。

2. 药剂防治

用内吸性杀虫剂拌种或包衣种子，利用噻虫嗪或噻·戊种衣剂包衣种子或拌种。在发病前进行药剂防治，每亩用10%吡虫啉可湿性粉剂10g对水30kg喷雾防治；灰飞虱若虫盛期可亩用25%噻虫嗪可湿性粉剂30～50g，或25%吡蚜酮可湿性粉剂20～30g，对水30kg喷雾防治，同时注意田头地边、沟边、坟头的杂草上喷药防治。

十二、玉米全蚀病

（一）症状识别

玉米全蚀病是近年来在辽宁、山东等省新发现的玉米根部土传病害，主要为害根部，可造成植株早衰、倒伏，影响灌浆，千粒重下降，严重威胁玉米生产。

苗期染病时地上部分症状不明显，抽穗灌浆期地上部分开始出现症状，初叶尖、叶缘变黄，逐渐向叶基和中脉扩展，后叶片自下而上变为黄褐色。严重时茎秆松软，根系呈褐色腐烂，须根和根毛明显减少，致根皮变黑坏死或腐烂，易折断倒伏。7—8月土壤湿度大时，根系易腐烂，病株早衰，千粒重下降。收获后菌丝在根组织内继续扩展，致根皮变黑发亮，并向根基延伸，呈黑脚状或黑膏药状，剥开茎基，表皮内侧有小黑点，即病菌子囊壳（图2-36、图2-37）。

图2-36　玉米全蚀病病叶　　　　图2-37　玉米全蚀病黑根

（二）发生规律

病菌存活于土壤病残体内越冬，可在土壤中存活3年以上。整个生育期均可为害，病菌从苗期种子根系侵入，后向次生根蔓延。该菌在根系上活动受土壤湿度影响，5—6月病菌扩展不快，7—8月气温升高，雨量增加，病情迅速扩展。沙壤土发病重于壤土，洼地重于平地，平地重于坡地。施用有机肥多的发病轻。7—9月高温多雨发病重。品种间感病程度差异明显。

（三）防治措施

1. 农业防治

种植抗病品种；提倡施用酵素菌沤制的堆肥或增施有机肥，每亩施入充分腐熟有机肥2 500kg，并合理追施氮、磷、钾速效肥；收获后及时翻耕灭茬，发病地区或田块的根茬要及时烧毁，减少菌源；与豆类、薯类、棉花、花生等非禾本科作物实行大面积轮作；适期播种，提高播种质量。

2. 药剂防治

可选用3％苯醚甲环唑悬浮种衣剂40～60ml或12.5％硅噻菌胺悬浮剂20ml拌10kg种子，晾干后即可播种，也可储藏后再播种。此外，可用含多菌灵的玉米种衣剂按药种重量比1：50进行种子包衣，对该病也有一定防效，且对幼苗有刺激生长作用。

第二节　玉米虫害

一、玉米螟

（一）症状识别

玉米螟是世界性玉米主要害虫，广泛分布于全国各玉米种植区，严重降低了玉米的产量和品质，大发生时使玉米减产30％以上。除玉米外，该虫还寄生高粱、谷子、水稻、大豆、棉花等多种农作物。

玉米螟是钻蛀性害虫，幼虫钻蛀取食心叶、茎秆、雄穗和雌穗。幼虫蛀穿未展开的嫩叶、心叶，使展开的叶片出现一排排小孔（图2-38）。

幼虫可蛀入茎秆，取食髓部，影响养分输导，受害植株籽粒不饱满，被蛀茎秆易被大

图2-38　玉米螟造成的一排排小孔

风吹折。幼虫钻入雄花序，使之从基部折断。幼虫还取食雌穗的花丝和嫩苞叶，并蛀入雌穗，食害幼嫩籽粒，造成严重减产，玉米螟蛀孔处常有锯末状虫粪（图2-39、图2-40）。

图2-39　玉米螟钻蛀茎秆　　　　图2-40　玉米螟蛀蚀籽粒

（二）发生规律

因各地气候条件不同，亚洲玉米螟1年发生1～7代不等，均以末代老熟幼虫在作物的茎秆、穗轴或根茬内越冬，也有的在杂草茎秆中越冬。玉米秸秆中越冬虫量最大，穗轴中次之。

翌年春季越冬幼虫陆续化蛹，羽化。成虫飞翔力强，有趋光性。白天潜伏在作物或杂草丛中，夜间活动和交配。雌蛾在株高50cm以上，将要抽雄的植株上产卵，卵多产在叶背面中脉两侧，少数产在茎秆上。每只雌蛾产卵10～20块，共400粒左右，每个卵块有卵20～50粒不等。产卵期7～10天。

幼虫有5个龄期，3龄以前潜藏，4龄以后钻蛀为害。幼虫具有趋触、趋湿、趋糖、避光等特性。孵化后选择如心叶、茎秆、花丝、穗苞等湿度较高、含糖量较高且便于隐藏的部位定居。老熟后在为害部位附近化蛹。

（三）防治措施

应采取以生物防治为主导、化学和物理防治为补充的绿色防控治理策略，根据不同生态区玉米螟的发生特点，集成防控关键技术。

1.农业防治

要积极选育或引进抗螟高产品种。在秋收之后至冬季越冬代化蛹前，把主要越冬寄主作物的秸秆、根茬、穗轴等，采用烧掉、机械粉碎、用作饲料或封垛等多种办法处理完毕，以消灭越冬虫源。要因地制宜地实行耕作改制，在夏玉米2~3代玉米螟发生区，要酌情减少玉米、高粱、谷子的春播面积，以减轻夏玉米受害。可设置早播诱虫田或诱虫带，种植早播玉米或谷子，诱集玉米螟成虫产卵，然后集中消灭。在严重为害地区，还可在玉米雄穗打苞期，隔行人工去除2/3的雄穗，带出田外烧毁或深埋，消灭为害雄穗的幼虫。

2.诱集成虫

设置黑光灯和频振式杀虫灯诱杀越冬代成虫，阻断产卵。单灯防治面积4hm²，设置高度为距地面2m。还可在越冬代成虫羽化初期开始使用性诱剂诱杀。

3.药剂防治

防治春玉米1代幼虫和夏玉米2代幼虫，可在心叶末期喇叭口内施用颗粒剂。1%辛硫磷颗粒剂或1.5%辛硫磷颗粒剂，每亩用药1~2kg，使用时加5倍细土或细河砂混匀，撒入喇叭口；0.3%辛硫磷颗粒剂，每株用药2g，施入大喇叭口内；0.1%或0.15%的高效氯氟氰菊酯颗粒剂，拌10~15倍煤渣颗粒施用，每株用药1.5g。

80%敌百虫可溶性粉剂1 000~1 500倍液等，可用于灌心叶（每株用药液10ml）。在玉米螟卵孵化盛期，还可喷施24%甲氧虫酰肼悬浮剂，防治1代玉米螟，每亩用药25ml，对水25L喷雾，但要将药液喷在玉米喇叭口内。

穗期玉米螟的防治，可在玉米抽丝60%时，用上述有机磷或菊酯类颗粒剂撒在雌穗着生节的叶腋，其上两叶、其下一叶的叶腋，以及穗顶花丝上。

二、桃蛀螟

（一）症状识别

桃蛀螟，又名桃蠹、桃斑蛀螟，俗称蛀心虫、食心虫，在国内分布普遍，以河北省至长江流域以南的桃产区发生最为严重。寄主广泛，除为害桃、苹果、梨等多种果树的果实外，还可为害玉米、高粱、向日葵等。该虫为害玉米雌穗，以啃食或蛀食籽粒为主，也可钻蛀穗轴、穗柄及茎秆。有群居性，蛀孔口堆积颗粒状的粪屑。可与玉米螟、棉铃虫混合为害，严重时整个雌穗都被毁坏。被害雌穗较易感染穗腐病。茎秆、雌穗柄被蛀后遇风易折断（图2-41至图2-44）。

图2-41　啃食玉米籽粒

图2-42　玉米为害症状

图2-43　为害茎秆　　　　　图2-44　排出的颗粒状粪屑

（二）发生规律

桃蛀螟一年发生2~5代，世代重叠严重。以老熟幼虫在玉米秸秆、叶鞘、雌穗中、果树翘皮裂缝中结厚茧越冬，翌年化蛹羽化，成虫有趋光性和趋糖蜜性，卵多散产在穗上部叶片、花丝及其周围的苞叶上，初孵幼虫多从雄蕊小花、花梗及叶鞘、苞叶部蛀入为害，喜湿，多雨高湿年份发生重，少雨干旱年份发生轻。卵期一般6~8天，幼虫期15~20天，蛹期7~9天，完成一个世代需一个多月。第1代卵盛期在6月上旬，幼虫盛期在6月上中旬；第2代卵盛期在7月上中旬，幼虫盛期在7月中下旬；第3代卵盛期在8月上旬，幼虫盛期在8月上中旬。幼虫为害至9月下旬陆续老熟，转移至越冬场所越冬。

（三）防治措施

1. 农业防治

秸秆粉碎还田，消灭秸秆中的幼虫，减少越冬幼虫基数。

2. 物理防治

在成虫发生期，采用频振式杀虫灯、黑光灯、性诱剂或用糖醋液诱杀成虫，以减轻下代为害。

3. 药剂防治

药剂防治参见"玉米螟"。

三、玉米叶夜蛾

（一）症状识别

玉米叶夜蛾又名甜菜夜蛾，分布广泛，寄主种类多达170余种，其中包括玉米、高粱、谷子、甜菜、棉花、大豆、花生、

图2-45　玉米叶夜蛾为害玉米幼苗症状

烟草、苜蓿、蔬菜等。该虫具有暴发性，猖獗发生年份可造成重大损失，近年来有加重发生的趋势。

幼虫取食叶片。低龄幼虫在叶片上咬食叶肉，残留一侧表皮，成透明斑点，大龄幼虫将叶片吃成孔洞或缺刻（图2-45），严重的将叶片吃成网状。为害幼苗时，甚至可将幼苗吃光。

（二）发生规律

玉米叶夜蛾在华北1年发生3~4代，在陕西省、山东省、江苏省等地发生4~5代，长江流域发生5~6代，世代重叠。在长江以北以蛹在土室内越冬，在其他地区各虫态都可越冬，在亚热带和热带地区无越冬现象。

成虫白天潜伏在土缝、土块、杂草丛中及枯叶下等隐蔽处所。夜晚活动，成虫趋光性强，趋化性稍弱。卵产于叶片背面，聚产成块，卵块单层或双层，卵块上覆盖灰白色绒毛。幼虫5龄，少数6龄。3龄前群集叶背，吐丝结网，在内取食，食量小。3龄后分散取食，4龄后食量剧增。幼虫杂食性，昼伏夜出，畏阳光，受惊后卷成团，坠地假死。幼虫老熟后入土，吐

丝筑室化蛹，化蛹深度多为0.2～2cm。

玉米叶夜蛾具有间歇性发生的特点，不同年份发虫量差异很大。玉米叶夜蛾对低温敏感，抗旱性弱。不同虫期的抗寒性又有差异，蛹期和卵期抗寒性稍强，成虫和幼虫抗寒性更弱。成虫在0℃条件下，几天甚至几小时后死亡，幼虫在2℃时几天后大量死亡。若以抗寒性弱的虫期进入越冬期，冬季又长期低温，则越冬死亡率高，翌年春季发虫少。

（三）防治措施

1. 诱杀成虫

在成虫数量开始上升时，可用黑光灯、高压汞灯或糖醋液诱杀成虫。也可利用玉米叶夜蛾性诱剂诱杀雄虫。

2. 农业防治

铲除田边地头的杂草，减少滋生场所；化蛹期及时浅翻地，消灭翻出的虫蛹；利用幼虫假死性，人工捕捉，将白纸或黄纸平铺在垄间，震动植株，幼虫即落到纸上，捕捉后集中杀死；晚秋或初冬翻耕，消灭越冬蛹。

3. 药剂防治

大龄幼虫抗药性很强，应在幼虫2龄以前及时喷药防治。在卵孵化期和1～2龄幼虫盛期施药，用5%高效氯氰菊酯乳油1 500倍液于傍晚喷雾。也可用2.5%高效氟氯氰菊酯乳油1 000倍液加5%氟虫脲乳油500倍液混合喷雾，或10%高效氯氰菊酯乳油1 000倍液加5%氟虫脲乳油500倍液混合喷雾。晴天在清晨或傍晚施药，阴天全天可施药。

对大龄幼虫或已经产生抗药性的幼虫，可用10%溴虫腈悬浮液1 000～1 500倍液、5%氯虫苯甲酰胺悬浮剂1 500倍液、15%茚虫威悬浮剂3 500倍液或20%氟虫双酰胺水分散粒剂2 500倍液等喷雾。

四、二点委夜蛾

（一）症状识别

二点委夜蛾属鳞翅目夜蛾科，近几年麦秸大量滞留田间，为二点委夜蛾的发生为害提供有利条件，逐年加重发生。玉米苗期形成枯心苗，严重时直接蛀断，整株死亡；拔节期造成玉米植株倾斜或侧倒，减产严重。幼虫主要从玉米幼苗茎基部钻蛀到茎心后向上取食，形成圆形或椭圆形孔洞，钻蛀较深切断生长点时，心叶失水萎蔫，形成枯心苗；严重时直接蛀断，整株死亡；或取食玉米气生根系，造成玉米植株倾斜或侧倒（图2-46至图2-51）。

图2-46　直接蛀断

图2-47　整株死亡

图2-48　幼虫取食

图2-49　圆形或椭圆形孔洞

图2-50　植株倾斜侧倒

图2-51　枯心苗

（二）发生规律

二点委夜蛾在黄淮海小麦玉米连作区，1年发生4代，主要以作茧后的幼虫越冬，少数以蛹或未作茧的幼虫越冬。翌年3月越冬幼虫陆续化蛹。4月上中旬成虫羽化。1～2代幼虫取食小麦、玉米为主，2代幼虫是为害夏玉米的主害代，从6月中下旬开始，幼虫为害玉米幼苗，延续到7月上中旬。3代幼虫数量较少，栖息场所复杂，部分幼虫可继续在玉米田为害。

成虫喜于在麦套玉米田活动，昼伏夜出，白天隐藏在植株下部叶背、土缝间或地表麦秸下，有趋光性。成虫飞行或随气流扩散，飞翔高度1m上下，每次飞翔距离3～5m。卵多散产于玉米苗基部和附近土壤，1只雌虫能产卵300～2 000粒，产卵期持续约1个月。

幼虫有避光习性，在玉米根际还田的碎麦秸下或2～5cm深的表土层活动，白天隐蔽潜伏，夜间取食为害。有假死性，遇到惊扰后躯体弯曲成"C"形假死。有转株为害的习性。老熟幼虫在土中吐丝，黏结土粒做成土茧化蛹。田间幼虫虫龄不整齐，1～5龄幼虫可同期存在。老熟幼虫多在作物附近土表作茧化蛹。

二点委夜蛾喜好荫蔽、潮湿的环境。实行小麦秸秆还田后，麦秸、麦糠覆盖密度大的地块发生较重。棉田倒茬的玉米田比重茬玉米田发生严重，播种晚的田块比播种早的严重，田间湿度高的比湿度低的严重。

（三）防治措施

1. 农业防治

麦收后播前使用灭茬机或浅旋耕灭茬后再播种玉米，即可有效减轻二点委夜蛾为害，也可提高玉米的播种质量，苗齐苗壮。及时人工除草和化学除草，清除麦茬和麦秆残留物，减少害虫滋生环境条件；提高播种质量，培育壮苗，提高抗病虫能力。

2. 药剂防治

幼虫3龄前防治，最佳时期为出苗前（播种前后均可）。

（1）撒毒饵。每亩用4~5kg炒香的麦麸或粉碎后炒香的棉籽饼，与对少量水的90%敌百虫可溶粉剂，拌成毒饵，在傍晚顺垄撒在玉米苗边。

（2）撒毒土。每亩用有机磷农药和阿维菌素，配成毒土，早晨顺垄撒在玉米苗边，防效较好。

（3）灌药。随水灌药，在浇地时灌入田中。喷灌玉米苗，可以将喷头拧下，逐株顺茎滴药液，或用直喷头喷根茎部，药剂可选用30%乙酰甲胺磷乳油1 000倍液、2.5%高效氯氟氰菊酯乳油2 500倍液或4.5%高效氯氰菊酯1 000倍液等。药液量要大，保证渗到玉米根围30cm左右的害虫藏匿的地方。还可使用氯虫苯甲酰胺、甲维盐、茚虫威等。

五、蚜虫

（一）症状识别

蚜虫是玉米的重要害虫，在为害玉米的多种蚜虫中，以玉米蚜和禾谷缢管蚜最常见。玉米蚜又名玉米缢管蚜，禾谷缢管蚜又名粟缢管蚜或小米蚜，都分布在全国各地，可为害玉米、谷子、高粱、麦类、水稻等禾本科作物及多种禾本科草。

成、若蚜群聚玉米叶片、叶鞘、雄穗、雌穗苞叶等处，刺吸植物组织的汁液，导致叶片等受害部位变色，生长发育受抑，严重时植株枯死。玉米蚜虫还分泌蜜露，使受害部位"起油"发亮，后生霉变黑。蚜虫可传播玉米矮花叶病毒和大麦黄矮病毒等重要植物病毒（图2-52至图2-55）。

图2-52　聚集在叶片的蚜虫　　图2-53　聚集在苞叶的蚜虫

图2-54　聚集在雄穗的蚜虫　　图2-55　生霉变黑

（二）发生规律

1. 玉米蚜

在华北1年可繁殖20代左右，以成、若蚜在冬小麦或禾草心叶内越冬。春季3月，温度回升到7℃左右时开始活动，随着小麦植株生长而向上部移动，集中在新产生的心叶内繁殖为害，抽穗后大都迁移到无效分蘖上为害，很少在穗部为害。4月下旬至5月上旬，陆续产生大批有翅蚜，迁往玉米、高粱、谷子或禾草上繁殖。春玉米抽雄后，多集中在雄穗上为害，乳熟后又转移到夏玉米上。9—10月夏玉米老熟，又产生大量有翅蚜，迁移到向阳处禾草上和冬小麦麦苗上，繁殖1~2代后越冬。

在黑龙江省，玉米蚜1年发生10代左右，以成、若蚜在禾本科植物心叶、叶鞘内或根际越冬。5月底至6月初产生大批有翅蚜，迁飞到玉米上为害，8月上中旬为为害盛期。

在长江流域，1年发生20多代，以成、若蚜在大麦、小麦或禾草心叶内越冬。春季3—4月开始活动为害，4—5月麦类黄熟后产生大量有翅蚜，迁往春玉米、高粱、水稻田持续繁殖为害。春玉米乳熟期以后，又产生有翅蚜，迁往夏玉米上繁殖为害。秋末产生有翅蚜迁往小麦或其他越冬寄主。

玉米蚜终生营孤雌生殖，虫口数量快速增多。高温干旱年份发生较多。在玉米生长中后期，旬均温23~28℃，旬降水量低于20mm时，有利于玉米蚜猖獗发生。

2. 禾谷缢管蚜

1年发生10~20代。在北方寒冷地区，禾谷缢管蚜生活史为异寄主全周期型。以受精卵在稠李、桃、李、梅、榆叶梅等李属植物（第一寄主）上越冬，翌年春季越冬卵孵化为干母，以后干母胎生无翅雌蚜，即干雌。干雌繁殖几代后，产生有翅雌蚜。初夏，有翅雌蚜乔迁到禾本科植物（第二寄主）上繁殖为害,持续孤雌生殖,产生无翅孤雌蚜和有翅孤雌蚜。寄主衰老后,产生有翅蚜(性母),迁回越冬寄主,性母产生雌、雄性蚜,两者交配后产卵越冬。

在我国中部、南部各麦区,禾谷缢管蚜不产生有性蚜,全年在禾本科植物上孤雌生殖,属不全周期生活史。在冬麦区或冬麦、春麦混种区,秋末冬小麦出苗后,为害秋苗,继而以无翅孤雌成蚜和若蚜在麦苗根部、近地面叶鞘和土缝内越冬,若天气暖和仍可活动,春季继续为害小麦,麦收后转移到玉米、谷子、糜子、自生麦苗、禾本科草上为害。秋季迁回麦田繁殖为害。

禾谷缢管蚜在30℃左右发育最快,不耐低温,在1月平均气温为-2℃的地方就不能越冬。喜高湿,不耐干旱,不适于在年降水量低于250mm的地区发生。

(三)防治措施

蚜虫的防治应兼顾各种寄主作物,统筹安排。

1.农业防治

及时清除田埂、地边杂草与自生麦苗,减少蚜虫越冬和繁殖场所。搞好麦田蚜虫防治,减少虫源。发生严重的地区,可减少夏玉米的播种面积。玉米自交系、杂交种间抗蚜性有明显差异,应尽量选用抗蚜自交系与杂交种。

2.药剂防治

要慎重选择防治药剂,应用对天敌安全的选择性药剂,如抗蚜威、啶虫脒、生物源农药等。要改进施药技术,调整施药时间,减少用药次数和数量,避开天敌大量发生时施药。根据虫情,挑治重点田块和虫口密集田,尽量避免普治,以减少对天敌的伤害。

　　防治玉米蚜，在玉米心叶期发现有蚜株后即可针对性施药，有蚜株率达到30%～40%，出现"起油株"时应进行全田普治。防治蚜虫的有效药剂较多，要轮换使用，防止蚜虫产生抗药性。常用药剂和每亩用药量如下：50%抗蚜威可湿性粉剂10～15g、10%吡虫啉可湿性粉剂20g、24%抗蚜·吡虫啉可湿性粉剂20g、25%吡蚜酮可湿性粉剂16～20g、3%啶虫脒可湿性粉剂10～20g（南方）或30～40g（北方）、2.5%高效氯氰菊酯乳油25～30ml、4.5%高效氯氰菊酯40ml。皆加水30～50kg常量喷雾，也可加水15kg，用机动弥雾机低容量喷雾。

六、黏虫

（一）症状识别

　　黏虫是农作物的主要害虫之一，具有多食性和暴食性，主要为害玉米、高粱、谷子、麦类、水稻、甘蔗等禾本科作物和禾草，大发生时也为害棉花、麻类、烟草、甜菜、苜蓿、豆类、向日葵及其他作物。

　　黏虫是食叶性害虫，1～2龄幼虫聚集为害，在心叶或叶鞘中取食，啃食叶肉残留表皮，造成半透明的小条斑。3龄后食量大增，开始啃食叶片边缘，咬成不规则缺刻。5～6龄幼虫为暴食阶段，可将叶肉吃光，仅剩主脉，果穗秃尖，籽粒干瘪，造成减产或绝收（图2-56至图2-59）。

（二）发生规律

　　玉米黏虫一年发生世代数全国各地不一，东北、内蒙古一年发生2～3代，华北中南部3～4代，江苏淮河流域4～5代，长江流域5～6代，华南6～8代。海拔1 000m左右高原1年发生3代，海拔2 000m左右高原则发生2代，各省（区）由于地势不同，世代数亦有一些变化。

　　玉米黏虫属迁飞性害虫，其越冬分界线在北纬33°一带，在33°以北地区任何虫态均不能越冬。在江西、浙江一带，以幼虫和蛹在稻桩、田埂杂草、绿肥田、麦田表土下等处越冬。在广东、福建南部终年繁殖，无越冬现象。北方春季出现的大量成虫系由南方迁飞所至。

图2-56　黏虫取食的叶片

图2-57　黏虫为害状

图2-58　中期为害症状

图2-59　后期为害症状

（三）防治措施

1.人工诱虫、杀虫

从成虫羽化初期开始，在田间设置糖醋液诱虫盆，诱杀尚未产卵的成虫。糖醋液配比为红糖3份、白酒1份、食醋4份、水2份，加90%敌百虫可溶粉剂少许，调匀即可。配制时先称出红糖和敌百虫，用温水融化，然后加入醋、酒。诱虫盆要高出作物30cm左右，诱剂保持3cm深，每天早晨取出蛾子，白天将盆盖好，傍晚开盖，5~7天换诱剂1次。

还可用杨枝把或草把诱虫。取几条1~2年生叶片较多的杨树枝条，剪成约60cm长，将基部扎紧，就制成了杨枝把。将其阴干1天，待叶片萎蔫后便可倒挂在木棍或竹竿上，插在田间，在成虫发生期诱蛾。小谷草把或稻草把也用于诱蛾，每亩地插60~100个，可在草把上洒糖醋液，每5天更换1次，换下的草把要烧毁。

成虫趋光性强，在成虫交配产卵期，在田间安置杀虫灯，灯间距100m，在夜间诱杀成虫。

在卵盛期，可顺垄人工采卵，连续进行3~4遍。在大发生年份，如幼虫虫龄已大，可利用其假死性，击落扑杀或挖沟阻杀，防止幼虫迁移。

2. 药剂防治

根据虫情测报，在幼虫3龄前及时喷药。用苯甲酰脲类杀虫剂有利于保护天敌。20%除虫脲悬浮剂每亩用10ml，25%灭幼脲悬浮剂每亩用25~30g，常量喷雾加水75kg，用弥雾机喷药加水12.5kg，配成药液施用。

喷雾法施药还可用80%敌百虫可溶性粉剂1 000~1 500倍液、50%马拉硫磷乳油1 000~1 500倍液、50%辛硫磷乳油1 000~1 500倍液、20%灭多威乳油1 000~1 500倍液、2.5%溴氰菊酯乳油3 000~4 000倍液或25%氧乐·氰乳油2 000倍液等。

喷粉法施药可用2.5%敌百虫粉剂，每亩喷2~2.5kg。还可用50%辛硫磷乳油0.7kg，加水10kg稀释后拌入50kg煤渣颗粒，顺垄撒施。

七、棉铃虫

（一）症状识别

棉铃虫为重要农业害虫，分布广泛，寄主植物多达200余种，主要为害玉米、棉花、麦类、豌豆、苜蓿、向日葵、茄科蔬菜等。近年来对玉米的为害明显加重。夏玉米田平均减产5%～10%，严重的可达15%以上。

初龄幼虫取食嫩叶、花丝和雄花，3龄以后蛀为害，多钻入玉米心内，食害果穗，5～6龄进入暴食期。幼虫取食的叶片出现孔洞或缺刻，有时咬断心叶，造成枯心。在叶片上也形成排孔，但孔洞粗大，形状不规则，边缘不整齐。幼虫可咬断花丝，造成籽粒不育。为害果穗时，多在果穗顶部取食，少数从中部苞叶蛀入果穗，咬食幼嫩籽粒，粪便沿虫孔排出（图2-60至图2-65）。

（二）发生规律

棉铃虫属喜温喜湿性害虫，成虫产卵适温在23℃以上、20℃以下很少产卵。幼虫发育以25～28℃和相对湿度75%～90%最为适宜。在北方尤以湿度的影响最为显著。月降水量在100mm以上，相对湿度70%以上时为害严重。但雨水过多会造成土壤板结，不利于幼虫入土化蛹，蛹的死亡率也增高。暴雨可冲掉棉铃虫卵，对其也有抑制作用。

我国各地发生的代数不同，东北、西北、华北北部每年3代，黄淮流域4代，长江流域4～5代，华南6～8代。

水肥条件好、长势旺盛的棉田、玉米田，间作、套种的玉米田都适于棉铃虫发生。近年麦、棉套种面积增加，对4代棉铃虫发生十分有利，为翌年棉铃虫发生提供了较多的虫源。

图2-60　幼虫为害叶片

图2-61　心叶为害状

图2-62　幼虫为害叶片出现孔洞

图2-63　幼虫咬断花丝

图2-64　为害果穗顶部

图2-65　被钻蛀的玉米果穗

（三）防治措施

棉铃虫为害的作物种类多，虫源转移关系复杂，防治工作应统筹安排。玉米田在发虫量很少时，可结合其他害虫的防治予以兼治。当发虫量增多时，或玉米田在当地棉铃虫虫源转移中起重要作用时，需采取针对性防治措施。

1. 农业防治

玉米收获后及时耕翻耙地，实行冬灌，消灭棉铃虫的越冬蛹。在棉田种植春玉米诱集带，诱集棉铃虫成虫产卵，及时捕蛾灭卵，在玉米地边也可种植洋葱、胡萝卜等诱集植物。在成虫发生期设置诱虫灯、性诱剂、杨树枝把等诱杀成虫。

2. 药剂防治

抓住施药关键期，在棉铃虫幼虫3龄以前施药。用于喷雾的药剂有50%辛硫磷乳剂1 000～1 500倍液、44%丙溴磷乳油1 500倍液、45%丙溴·辛硫磷乳油1 000～1 500倍液、44%氯氰·丙溴磷乳油2 000～3 000倍液、2.5%高效氯氟氰菊酯乳油2 000倍液、4.5%高效氯氰菊酯乳油1 500～2 000倍液、43%辛·氟氯氰乳油1 500倍液、15%茚虫威悬浮剂4 000～5 000倍液、75%硫双威可湿性粉剂3 000倍液、5%氟铃脲乳油2 000～3 000倍液、5%氟虫脲乳油1 000倍液，或用1.8%阿维菌素4 000～5 000倍液等。喷药需在早晨或傍晚进行，喷药要细致周到。长期使用单一品种农药，可使棉铃虫的抗药性增强，防治效果下降，因此要合理轮换交替用药。

3. 生物防治

要保护和利用天敌，施用杀虫剂时，要选择对天敌杀伤较轻的品种、剂型或施药方法。在棉铃虫卵盛期，可人工释放赤眼蜂（每亩1.5万～2万只）。在卵高峰期至幼虫孵化盛期可喷布苏云金杆菌制剂或棉铃虫核多角体病毒制剂。喷施棉铃虫核多角体病毒制剂时，若使用含量为10亿PIB/g的制剂（PIB，多角体的英文缩写，用以表示病毒浓度的单位），每亩用药量为100g左右；使用含量为600亿PIB/g的制剂，每亩用药量为2g左右，均加水稀释后，进行常规喷雾或弥雾机喷雾。

八、双斑萤叶甲

（一）症状识别

双斑跗萤叶甲又称双斑长跗萤叶甲。双斑萤叶甲为害作物叶片，在玉米上常咬断取食花丝、雄蕊、雌穗，影响玉米授粉结实，一般造成玉米产量损失达15%左右。

双斑萤叶甲一年发生一代，以卵在土中越冬。5月开始孵化，自然条件下，孵化率很不整齐。幼虫全部生活在土中，一般靠近根部距土表3～8cm，以杂草根为食，尤喜食禾本科植物根。成虫7月初开始出现，7月上中旬开始增多，一直延续至10月，玉米雌穗吐丝盛期，亦是成虫盛发期，为害玉米。先顺叶脉取食叶肉，并逐渐转移到嫩穗上，取食玉米花丝，初灌浆的嫩粒。成虫有群聚为害习性，往往在一单株作物上自下而上取食，而邻近植株受害轻或不受害（图2-66至图2-69）。

图2-66　为害叶片

图2-67　为害叶片症状

图2-68　为害花丝症状

图2-69　影响玉米授粉结实

（二）发生规律

在北方1年发生1代，以卵在土壤中越冬。翌年5月越冬卵开始孵化，出现幼虫。幼虫有3龄，幼虫期约30天，在土壤中活动，取食植物根部。老熟幼虫在土壤中筑土室化蛹，蛹期7～10天。

成虫7月初开始出现，成虫期长达3个多月，一直延续至10月。成虫通常先取食田边杂草，不久转移到玉米田、豆田或其他作物田间为害，7—8月为成虫为害盛期。成虫在白天活动，气温高于15℃时成虫活跃，能跳跃和短距离飞翔，有群集性、趋嫩性和弱趋光性。成虫羽化后20多天即行交尾产卵。卵产在表土缝隙中或植物叶片上，散产或几粒黏结在一起。每只雌虫每次产卵10～12粒。

高温干旱有利于双斑萤叶甲的发生。在19～30℃范围内，随温度的升高，发育速率加快。干旱年份降雨减少，发生加重，多雨年份发生较轻，暴雨更不利于该虫生存。农田生态条件对其也有明显影响，黏地发虫早而重，壤土地、沙土地发虫则较轻。免耕田和杂草多、管理粗放的农田发生较重。

（三）防治措施

1农业防治

秋耕冬灌，清除田间地边杂草，减少双斑萤叶甲的越冬寄主植物，降低越冬基数；在玉米生长期合理施肥，提高植株的抗逆性；对双斑萤叶甲为害重的田块应及时补水、补肥，促进玉米的营养生长及生殖生长。

2. 人工防治

该虫有一定的迁飞性，可用捕虫网扑杀，降低虫口基数。

3. 生物防治

合理使用农药，保护利用天敌。双斑萤叶甲的天敌主要有胡蜂、蜘蛛、螳螂等。

4. 药剂防治

由于该虫越冬场所复杂，因此在防治策略上坚持以"先治田外，后治田内"的原则防治成虫。选用制剂用量5%氟虫腈悬浮剂8 ~ 10g/亩、25%噻虫嗪水分散粒剂2.0g/亩及生物制剂棉铃虫核型多角体病毒30.0g/亩对水喷雾都具有很好的防治效果，且前两种药剂持效期长，药后7天防效在90%以上，值得在生产上试验、推广应用。应统一防治双斑萤叶甲，9时之前、16时以后为宜。

第三章 水稻病虫害诊断与防治

第一节 水稻病害

一、水稻恶苗病

（一）症状识别

水稻恶苗病又称白秆病，为水稻广谱性真菌病害之一。苗期以徒长型最为普遍，比正常苗高出1/3左右。假茎和叶片细长，苗色淡黄。旱育秧比水育秧发病重。水稻恶苗病大田发病主要表现为节间明显伸长，节部常露于叶鞘之外，下部茎节逆生多数不定根，分蘖较少或不分蘖。剥开叶鞘茎秆上还可见白色蛛丝状菌丝。大田发病较轻的提早抽穗，穗形小而不实，抽穗期谷粒也可受害，严重的变褐，不能结实，病轻的不表现症状，但谷粒内部已有菌丝潜伏，常作为传染源传染给下一代（图3-1至图3-4）。

（二）发生规律

水稻恶苗病的病菌在谷粒和稻草上越冬，翌年使用了带病的种子或稻草，病菌就会从秧苗的芽鞘或伤口侵入，引起秧苗发病徒长。带病的秧苗移栽后，把病菌带到大田，引起稻苗发病。当水稻抽穗开花时，病菌经风雨传到花器上，使谷粒和稻草带病菌，循环侵染为害水稻。

图3-1　病株细高

图3-2　大田症状

图3-3　茎节长倒生根

图3-4　分蘖少

（三）防治措施

1. 农业防治

选用无病种子或播种前用药剂浸种是防治的关键措施；及时拔除病株并深埋或销毁；收获后及时清除病残体烧毁或沤制腐熟有机肥；不能用病稻草、谷壳做种子消毒或催芽投送物或捆秧把。

2. 建立无病种子田

加强种子处理，播前晒种、消毒、灭菌要彻底；做好种子包衣或用广谱性杀菌剂拌种。

3. 药剂防治

用2.5%咯菌腈悬浮剂200~300ml/亩、50%多菌灵可湿性粉剂150~200g/亩、60%噻菌灵可湿性粉剂300~500g/亩，对水50~60kg常规喷雾，或45%三唑酮·福美双可湿性粉剂500倍液、25%丙环唑乳油1 000倍液、25%咪鲜胺乳油1 000~2 000倍液，每亩对水50~60kg均匀喷雾。

二、水稻稻瘟病

（一）症状识别

稻瘟病是各地水稻较普遍发生且对水稻生产影响最严重的病害之一，分布广，为害大，常常造成不同程度的减产，还使稻米品质降低，轻者减产10%~20%，重者导致颗粒无收。播种带病种子可引起苗瘟，苗瘟多发生在三叶前，病苗基部灰黑，上部变褐，卷缩而死，湿度大时病部产生灰黑色霉层。叶瘟多发生在分蘖至拔节期为害，慢性型病斑，开始叶片上产生暗绿色小斑，逐渐扩大为梭形斑，病斑中央灰白色，边缘褐色，病斑多时有的连片形成不规则大斑。常出现多种病斑如急性型病斑、白点型病斑、褐点形病斑等。节瘟多发生在抽穗以后，起初在稻节上产生褐色小点，后逐渐绕节扩展，使病部变黑，易折断。穗颈瘟多在抽穗后，初形成褐色小点，后扩展使穗颈部变褐色，也造成枯白穗。谷粒瘟多发生开花后至籽粒形成阶段，产生褐色椭圆形或不规则病斑，可使稻谷变黑，有的颖壳无症状，护颖受害变褐，使种子带菌（图3-5至图3-8）。

（二）发生规律

稻瘟病病原菌为稻梨孢，属半知菌亚门真菌，病菌以分生孢子或菌丝体在带病稻草或稻谷上越冬，翌年7月上旬，温度适宜时，病稻草上的病菌借气流传播到水稻叶片上引起发病。在病斑上发生大量的灰绿色霉层就是病菌，靠风、雨再传染到其他叶片、节、穗颈上，造成持续发病。水稻不同品种间抗病性差异较大，种植感病品种、插秧密度过大、施用氮肥过多过晚，都会导致发病加重。若7月中下旬阴雨连绵，雨日多，形成低温、高湿，光照少的田间小气候有利于稻瘟病的发生。

图3-5　叶瘟初期症状

图3-6　叶瘟后期症状

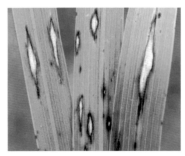

图3-7　叶瘟病斑症状

图3-8　穗颈瘟及谷粒瘟

（三）防治措施

1. 农业防治

首先是选用抗病品种；及时清除带病植株根系残茬，减少菌源；合理密植，适量使用氮肥，浅水灌溉、促植株健壮生长提高抗病能力。

2. 种子处理

种子处理主要是晒种、选种、消毒、浸种、催芽等。晒种：选择晴天晒种1～2天。选种：将晒过的种子用比重为1.13的盐水或硫酸铵选种。浸种消毒：浸种的温度最好是12～14℃，时间在8天左右且积温保持在80～100℃，浸好的种子应该稻壳颜色变深，呈半透明状，透过颖壳可以看到腹白和种胚，稻粒易掐断。催芽：将充分吸胀水分的种子进行催芽，温度保持在30～32℃，破胸、适温长芽、降温炼芽的原则，当芽长到2mm时即可进行播种。

3. 药剂防治

最佳时间是在孕穗末期至抽穗进行进行施药，以控制叶瘟，严防节瘟、茎穗瘟为主，需及时喷药防治。前期喷施70%甲基硫菌灵可湿性粉剂100～140g/亩，或25%多菌灵可湿性粉剂200g/亩等药剂，分别对水35kg左右均匀喷雾。中期喷施20%三环·多菌灵可湿性粉剂100～140g/亩，或21%咪唑·多菌灵可湿性粉剂50～75g/亩，或50%三环唑悬乳剂80～100ml/亩，或40%稻瘟灵乳油100～120ml/亩，或25%咪鲜胺乳油40ml+75%三环唑乳油30～40ml/亩等药剂，或20%井唑·多菌灵可湿性粉剂100～120g/亩，分别对水35kg左右均匀喷雾。在孕穗末期至抽穗期，可喷施20%咪酰·三环唑可湿性粉剂45～65g/亩，或35%唑酮·乙蒜素乳油75～100ml/亩，或20%三唑酮·三环唑可湿性粉剂100～150g/亩，或30%己唑·稻瘟灵乳油60～80ml/亩，或40%稻瘟灵可湿性粉剂80～100g/亩，或50%异稻瘟净乳油100～150ml/亩，分别对水40kg喷雾于植株上部。

三、水稻纹枯病

（一）症状识别

水稻纹枯病是水稻主要病害之一，发生普遍。病害发生时先在叶鞘近水面处产生暗绿色水渍状边缘模糊的小斑点，后渐再扩大呈椭圆形或呈云纹状，由下向上蔓延至上部叶鞘。病鞘因组织受破坏而使上面的叶片枯黄。在干燥时，病斑中央为灰褐色或灰绿色，边缘暗褐色。潮湿时，病斑上有许多白色蛛丝状菌丝体，逐渐形成白色绒球状菌块，最后变成暗褐色菌块，菌核容易脱落土中。也能产生白色粉状霉层，即病菌的担孢子。叶片染病，病斑呈云纹状，边缘退黄，发病快时病斑呈污绿色，叶片很快腐烂，湿度大时，病部长出白色网状菌丝，后汇聚成白色菌丝团，最后形成蜂窝状菌核，菌核易脱落。该病严重为害时引起植株倒伏，千粒重下降，秕粒较多，或整株丛腐烂而死亡，或后期不能抽穗，导致绝收（图3-9至图3-12）。

纹枯病以菌核在土壤中越冬，也能由菌丝或菌核在病稻草或杂草上越冬。水稻成熟收割时大量菌核落在田中，成为翌年或下季稻的主要初次侵染源。春耕插秧后漂浮水面或沉在水底的菌核都能萌发生长菌丝，从气孔处直接穿破表皮侵入稻株为害，在组织内部不断扩展，继续生长菌丝和菌核，进行再次侵染。长期淹灌深水或氮肥施用过多过迟，有利于该病菌入侵，而且也易倒伏，加重病害。

（二）发生规律

水稻纹枯病是真菌性病害，病菌的菌核在种植土壤、禾秆病部、杂草等环境中越冬，是形成病害的初步传染源。在春季进行耕种时，大多数成功越冬的菌核都会在水面上漂浮，然后附着在水稻植株上。当自然环境温度较为适宜时，菌核会不断萌发，形成菌丝，侵染水稻，使水稻发病，而在高温、高湿条件下，可导致水稻纹枯病流行性暴发。在水稻种植后，病害发生过早、过多、过重，是当前稻区普遍存在的现象。

图3-9　水稻叶鞘上病斑

图3-10　水稻严重为害时的叶片症状

图3-11　水稻纹枯病前期菌核

图3-12　水稻纹枯病后期蜂窝状菌核

（三）防治措施

1. 农业防治

水稻种植主要在于水稻品种选择，因为好的品种能够阻挡病原菌体，减少病害发生概率。通过实践研究可知，当前籼稻植株蜡质保护层较厚，硅化物质较多，实际抗病性较好，粳稻次之，糯稻实际抗病性最差。在相同的种植环境中，早熟品种的抗病性较低，迟熟品种的抗病能力较好。

在水稻进行插秧之前需要及时捞出稻田水面上漂浮的菌核，全面减少菌源数。实际操作如下：通过放高水位（水位高度3.3~6.6cm）耙田，使菌核漂浮在水面上，并停留一段时间之后，使漂浮在水面之上的枯枝、杂草、菌核等浪渣随风漂浮集中到下风田角、田边之后，通过细沙网等相关工具及时捞出水面上漂浮的枯枝和杂草、菌核，然后将其烧毁，从而能够有效控制菌源数量，对前期发病的早晚、轻重进行有效调控。

培育壮秧、合理密植、插足基本苗，是实现水稻抗病、高产、优质的重要配套技术，也是对纹枯病进行综合防治的有效措施。同时，种植户应施足基肥，合理追肥，增施磷钾肥，不偏施氮肥，既可促进水稻生长、提高产量，又能提高水稻的抗逆、抗病能力。

2. 化学防治

水稻纹枯病在发病初期，病情发展较为缓慢，发病后期病情发展迅速，为了控制病情必须及时施药防治。在分蘖期，当发现病丛率达到5%~10%时即可开始用药防治。大胎孕穗期和抽穗期病情发展迅速，必须加强防治，控制病害发展，常规用药可选用井冈霉素粉剂、苯甲·丙环唑乳油、己唑醇悬浮剂等农药对水喷雾，每次施药必须连续使用2次，第1次施药后隔7天左右再施第2次药，从而才能取得良好的防治效果。此外，施药时注意对水多一点，药水足才能有足量的药液喷到植株中下部，提高防治效果。

四、水稻白叶枯病

（一）症状识别

水稻白叶枯病是水稻中后期的重要病害之一，发病轻重及对水稻影响的大小与发病早迟有关，抽穗前发病对产量影响较大。该病主要有叶缘枯萎型、急性凋萎型和褐斑褐变型。

1. 叶缘枯萎型

先从叶尖或叶缘开始，先出现暗绿色水浸状线状斑，很快沿线状斑形成黄白色病斑，然后病斑从叶尖或叶缘开始发生黄褐或暗绿色短条斑（图3-13），沿叶脉上下扩展，病、健交界处有时呈波纹状，以后叶片变为灰白色或黄色而枯死。

2. 急性凋萎型

一般发生在苗期至分蘖期（秧苗移栽后1月左右），病菌从根系或茎基部伤口侵入微管束时易发病，病叶多在心叶下1~2叶处迅速失水、青卷，最后全株枯萎死亡，或造成的枯心，其他叶片相继青萎。病株的主蘖和分蘖均可发病直至枯死，引起稻田大量死苗、缺丛（图3-14、图3-15）。

3. 褐斑或褐变型

病菌通过伤口或剪叶侵入，在气温低或不利于发病条件下，病斑外围出现褐色坏死反应带（图3-16），为害严重时田间一片枯黄。

（二）发生规律

白叶枯病菌主要在稻种、稻草和稻桩上越冬，附近土壤中。播种病谷，病菌可通过幼苗的根和芽鞘侵入。病稻草和稻桩上的病菌，遇到雨水就渗入水流中，秧苗接触带菌水，病菌从水孔、伤口侵入稻体。用病稻草催芽、覆盖秧苗、扎秧把等有利病害传播。水稻秧田期由于温度低，菌量较少，一般看不到症状，直到孕穗前后才暴发出来。病斑上的溢脓，可借风、雨、露水和叶片接触等进行再侵染。病菌经寄主水孔和伤口入侵致病。高温多雨，洪涝频繁最有利病害发生流行；肥水管理不当，偏施氮肥、深水灌溉、串灌、漫灌或稻田受涝，均易诱发病害流行；较易感病。

图3-13　叶缘枯萎型

图3-14　急性凋萎型

图3-15　后期大田症状

图3-16　褐斑褐变型

（三）防治措施

1. 农业防治

选择抗病、耐病优良品种；合理施用氮肥，合理密植，防止稻田淹水是防病关键；及时清理病残体并施腐熟有机肥，铲除田边地头病菌寄主性杂草。

2. 种子处理

用种衣剂包衣种子，或用温汤浸种、用广谱性杀菌剂拌种。

3. 药剂防治

可用10%硫酸链霉素可湿性粉剂50～100g/亩、3%中生菌素可湿性粉剂60g/亩、20%叶枯唑可湿性粉剂100g/亩、50%氯溴异氰尿酸水溶性粉剂60g/亩，对水50～60kg均匀喷雾。也可选用20%噻森铜悬浮剂300～500倍液、40%三氯异氰尿酸可湿性粉剂2 500倍液、20%喹菌酮可湿性粉剂1 000～1 500倍液、77%氢氧化铜可湿性粉剂600～800倍液，每亩用量50～60kg均匀喷洒，间隔7～10天，交替用药连续喷施2～3次防治效果更佳。

五、水稻赤枯病

（一）症状识别

赤枯病有下面三种类型。

1. 缺钾型赤枯病

在分蘖前始现，分蘖末发病明显，病株矮小，生长缓慢，分蘖减少，叶片狭长而软弱披垂，下部叶自叶尖沿叶缘向基部扩展变为黄褐色，并产生赤褐色或暗褐色斑点或条斑。严重时自叶尖向下赤褐色枯死，整株仅有少数新叶为绿色，似火烧状。根系黄褐色，根短而少。多发生于土层浅的沙土、红黄壤及漏水田，分蘖时气温低时也影响钾素吸收，造成缺钾型赤枯（图3-17、图3-18）。

2. 缺磷型赤枯病

多发生于栽秧后3～4周，能自行恢复，孕穗期又复发。初在下部叶叶尖有褐色小斑，渐向内黄褐干枯，中肋黄化。根系黄褐，混有黑根、烂根。红黄壤冷水田，一般缺磷，低温时间长，影响根系吸收，发病严重（图3-19）。

3. 中毒型赤枯病

移栽后返青迟缓，株型矮小，分蘖很少。根系变黑或深褐色，新根极少，节上生迈出生根。叶片中肋初黄白化，接着周边黄化，重者叶鞘也黄化，出现赤褐色斑点，叶片自下而上呈赤褐色枯死，严重时整株死亡。主要发生在长期浸水、泥层厚、土壤通透性差的水田，土壤中缺氧，有机质分解产生大量硫化氢、有机酸、二氧化碳、沼气等有毒物质，使苗根扎不稳，随着泥土沉实，稻苗发根分蘖困难，加剧中毒程度（图3-20）。

图3-17 自叶尖沿叶缘向基部扩展

图3-18 产生赤褐色条斑

图3-19 缺磷型赤枯病病症

图3-20 分蘖很少

（二）发生规律

土壤有机质含量低的、低洼冷凉田块发病较重；长期深水灌溉田发病较重，浅水间歇灌溉田发病较轻；透性差田块发病较重，漏水田发病较轻；返青肥施氮量大的发病较重，施氮少的发病轻；施钾、锌肥的发病轻；插秧后气温较高的年份较少发病，在气温较低的年份易发病；河水灌溉发病轻，井水灌溉发病较重。当气温、土温、水温提高后，赤枯病逐渐缓解。

（三）防治措施

防治水稻赤枯病必须采取综合性措施，以预防为主，并根据不同发生类型进行针对性防治。

1.合理耕作

实行秋整地，使土壤形成团粒机构。减少水耙地的整地次数，减少打浆次数，地表层有1～2cm浆层找平即可，使土壤耕层保持上糊下松状态，保持良好的通气性。

2.合理施肥

采用测土配方施肥技术，施底肥时注意氮、磷、钾肥配合使用，缺锌地块可适当施用锌肥。

3.加强田间管理

提高植株抗病性培育小斑点出褐色的锈斑。适时播种，培育壮苗；浅水插秧，促进分蘖，增强光照，提高水温和泥温，加速肥料分解，以提高根系的吸收利用率，促进秧苗健壮生长。深水、深插、泥温低，影响秧苗对营养物质的吸收。加强水层管理，浅水间歇灌溉；干湿交替，适时晒田。

4.采取相应措施

对缺钾田块，应注意补施钾肥。有机酸过多的田块要撒施黑白灰（草木灰∶石灰＝1∶1.5）中和毒素。低温阴雨期间，及时排掉温度较低的雨水，换灌温度较高的河水。对于已经发病的田块，要立即排水适当晒田，改善土壤通透性，提高泥温，消除毒物，减轻毒害，在追施氮肥的同时，结合配施钾肥随后耕耘，促进稻根发育，提高吸肥能力。也可在发病的田块喷施1%浓度的氯化钾或0.2%磷酸二氢钾溶液。

六、水稻胡麻斑病

（一）症状识别

水稻胡麻斑病又称水稻胡麻叶枯病，全国各稻区均有发生，从秧苗期至收获期均可发病，地上部稻株均可受害，主要为害叶片，其次是稻粒。种子芽期受害，芽鞘变褐，芽难以抽出，子叶枯死。秧苗叶片、叶鞘发病，多为椭圆病斑，如胡麻粒大小，暗褐色，有时病斑扩大连片成条形，病斑多时秧苗枯死。成株叶片染病，初为褐色小点，逐渐扩大为椭圆斑，如芝麻粒大小，病斑中央褐色至灰白，边缘褐色，周围组织有时变黄，有深浅不同的黄色晕圈，严重时连成不规则大斑。病叶由叶尖向内干枯，潮褐色，死苗上产生黑色霉状物（病菌分生孢子梗和分生孢子）。叶鞘上染病，病斑初椭圆形，暗褐色，边缘淡褐色，水渍状，后变为中心灰褐色的不规则大斑。穗颈和枝梗染病，受害部位暗褐色，造成穗枯。谷粒染病，早期受害的谷粒灰黑色扩至全粒造成秕谷。后期受害病斑小，边缘不明显，病重谷粒质脆易碎。气候湿润时，上述病部长出黑色绒状霉层（图3-21、图3-22）。

图3-21　发病初期症状　　图3-22　发病后期症状

（二）发生规律

病菌以菌丝体在病残体或附在种子上越冬，成为翌年初侵染源。病斑上的分生孢子在干燥条件下可存活2～3年，潜伏菌丝体能存活3～4年，菌丝翻入土层中经一个冬季后失去活力。带病种子播种后，潜伏菌丝体可直接侵害幼苗，分生孢子可借风吹到秧田或本田，萌发菌丝直接穿透侵入或从气孔侵入，条件适宜时很快出现病症，并形成分生孢子，借风雨传播进行再侵染。

（三）防治措施

1. 农业防治

深耕灭茬，消灭或降低病源菌；病稻草要及时处理销毁；选择无病种子；增施腐熟有机肥做基肥，及时追肥，增加磷钾肥，特别是钾肥的施用可提高植株抗病力；酸性土壤注意排水，适当施用石灰；要浅灌勤灌，避免长期水淹造成通气不良。

2. 种子处理

用强氯清500倍液或20%三环唑1 000倍液浸种消毒。

3. 药剂防治

用20%三环唑可湿性粉剂1 000倍液，或70%甲基硫菌灵可湿性粉剂1 000倍液，或用50%多菌灵可湿性粉剂800倍液，50%乙霉·多菌灵可湿性粉剂800～1 000倍液、60%甲霉灵可湿性粉剂1 000倍液，每亩需要喷洒稀释液50～60kg，间隔5～7天防治1次，连续防治2～3次效果更佳。

七、水稻叶鞘腐败病

（一）症状识别

水稻叶鞘腐败病是一种严重威胁水稻生产的病害，能够造成水稻产量的下降。一般流行年份减产10%～20%，严重的可高达50%以上。

水稻叶鞘腐败病在水稻孕穗期于剑叶叶鞘上发生。剑叶叶鞘初现暗褐色小斑，边缘较模糊，多个病斑可联合成云纹状斑块，有时病斑外围显现黄褐色晕圈。严重时，病斑扩大到叶鞘大部分，包在鞘内的幼穗部分或全部枯死，成为"死胎"枯孕穗；稍轻的则呈"包颈"半抽穗。潮湿时斑面上呈现薄层粉霉，剥开剑叶叶鞘，则见其内长有菌丝体及粉霉，均为本病病征。本病症状易同纹枯病混淆，但纹枯病病斑边缘清晰，且病部不限于剑叶叶鞘，病征主要为菌丝体纠结形成的馒头状菌核（图3-23至图3-26）。

图3-23　剑叶叶鞘上症状

图3-24　出现暗褐色小斑

图3-25　多个病斑联合状

图3-26　剑叶叶鞘内见菌丝体及粉霉

（二）发生规律

病菌以菌丝体和分生孢子在病种子和病草上越冬。以分生孢子作为初侵染与再侵染接种体，借气流或小昆虫、螨类等传播，从寄主伤口侵入致病。病害的发生流行与天气、肥水管理、虫害以及品种等有密切关系。孕穗期降雨多或雾大露重的天气有利发病；晚稻孕穗至始穗期遇寒露风致稻株抽穗力减弱的，则更易受害；穗肥施氮过多、过迟致植株贪青的易受害；小昆虫及螨类多的田块易发病；杂交稻特别是杂交稻制种田（需剪叶调节花期），比常规稻易发病；一般抽穗不易离颈（包穗）的品种皆易发病。

（三）防治措施

1. 农业防治

（1）选育抗病良种。由于品种之间存在抗病的差异，加强品种的筛选，选择省及有关部门审定推广适合本地区栽培品质优良的品种，并做到良种良法相结合，生产出适合市场需求的优质水稻。选择稻穗抽出度较好的品种可以减轻发病。

（2）加强肥水管理，合理施肥，避免偏施氮肥或迟施氮肥，增施磷钾肥，每公顷纯氮最多不超过150kg，每公顷纯磷不低于50kg，每公顷纯钾不低于50kg。使水稻生长健壮，提高抗病力。

（3）科学灌溉。前期实行浅水灌溉；分蘖末期采取排水晒田控蘖、根部透氧促进根系生长，晒田后实行浅、湿、干科学灌溉，同时加强井水增温给水稻后期生长创造一个良好的生长环境，使植株健壮生长，增强抗病能力。

2. 药剂防治

（1）浸种处理可供选择的药剂。①用40%多菌灵悬浮剂

500倍液浸种48h，捞出洗净，催芽、播种。②用40%多·酮可湿性粉剂250倍液浸种24h，捞出洗净，催芽、播种。

（2）本田喷雾防治可供选择的药剂。①每亩用40%多菌灵悬浮剂75ml或25%多菌灵可湿性粉剂200g，加水50~75L，在水稻孕穗期至齐穗期喷雾1~2次。②每亩用25%三唑酮可湿性粉剂50g，加水50~60L，在水稻孕穗期至齐穗期喷雾1~2次。③每亩用50%甲基硫菌灵可湿性粉剂100g或40%异稻瘟净乳油50ml，加水50L，于孕穗期至齐穗期喷雾1~2次。④每亩用40%多·硫悬浮剂200g，加水60L，在病害初发期喷雾防治。⑤每亩用40%多·酮可湿性粉剂75~100g，加水50~75L，在水稻孕穗末期至抽穗期均匀喷雾。也可以每亩用25%咪鲜胺50ml。

八、水稻稻曲病

（一）症状识别

水稻稻曲病是水稻生长后期穗部发生的一种真菌性病害，又称伪黑穗病、绿黑穗病、谷花病、青粉病，俗称"丰产果"。该病主要发生于水稻穗部，为害部分谷粒，轻者一穗中出现几颗病粒，重则多达数十粒，病穗率可高达10%以上。病粒比正常谷粒大3~4倍，整个病粒被菌丝块包围，颜色初呈橙黄，后转墨绿，后显粗糙龟裂，其上布满黑粉状物（图3-27至图3-30）。

（二）发生规律

近年来在全国各地稻区普遍发生且逐年加重，已成为水稻主要病害之一。多在水稻开花以后至乳熟期的穗部发生且主要分布在稻穗的中下部。感病后籽粒的千粒重降低、产量下降、秕谷、碎米增加、出米率、品质降低。该病菌含有对人、畜、禽有毒物质及致病色素，易对人造成直接和间接的伤害。

图3-27 水稻稻曲病前期症状

图3-28 水稻稻曲病中期症状

图3-29 水稻稻曲病后期症状

图3-30 水稻稻曲病病粒

（三）防治措施

1. 农业防治

选择抗病耐病品种；建立无病种子田，避免病田留种；收获后及时清除病残体、深耕翻埋菌核；发病时摘除并销毁病粒；改进施肥技术，基肥要足，慎用穗肥，采用配方施肥；浅水勤灌，后期见干见湿。

2. 种子处理

建立无病种子田；种子用包衣剂包衣，或用广谱性杀菌剂拌种，可用85%三氯异氰尿酸可湿性粉剂300～500倍液浸种12～24h，捞出沥水洗净，催芽播种；45%代森铵水剂500倍液浸种12～24h，洗净药液后催芽播种。

3. 药剂防治

该病一般要求用药两次，第一次当全田1/3以上旗叶全部抽出，即俗称"大打包"时用药（出穗前5～7天），此病的初侵染高峰期，这时防治效果最好，第二次在破口始穗期再用一次药，以巩固和提高防治效果。抽穗前每亩用18%多菌酮粉剂150～200g，或在水稻孕穗末期每亩用15%络氨铜水剂250g，或5%井冈霉素水剂100g，对水50kg喷洒，施药时可加入三环唑或多菌灵兼防穗瘟。或每亩用40%多·酮可湿性粉剂60～75g，对水60kg还可兼治水稻叶枯病、纹枯病等。孕穗期和始穗期各防治1次，效果良好。

九、水稻烂秧病

（一）症状识别

水稻烂秧病是种子、幼芽和幼苗在秧田期烂种、烂芽和死苗的总称。烂种是指播种后不能萌发的种子或播后腐烂不发芽；烂芽是指萌动发芽至转青期间芽、根死亡的现象。水稻烂秧病可分为生理性和传染性两大类。

1. 生理性烂秧

常见由于籽播种过深，芽鞘不能伸长而腐烂；露籽种子露于土表，根不能插入土中而萎蔫干枯；跷脚种根不入土而上跷干枯；倒芽只长芽不长根而浮于水面；钓鱼钩根、芽生长不良，黄褐卷曲呈现鱼钩状；黑根根芽受到毒害，呈"鸡爪状"种根和次生根发黑腐烂（图3-31、图3-32）。

图3-31 烂芽、烂秧

图3-32 病株

2. 传染性烂芽

传染性烂芽又分绵腐型烂秧和立枯型烂芽，绵腐型烂秧在低温高湿条件下易发病，发病初在根、芽基部的颖壳破口外产生白色胶状物，渐长出绵毛状菌丝体，后变为土褐或绿褐色，幼芽黄褐枯死，俗称"水杨梅"。立枯型烂芽开始零星发生，后成簇、成片死亡，初在根芽基部有水浸状淡褐斑，随后长出绵毛状白色菌丝，也有的长出白色或淡粉色霉状物，幼芽基部缢缩，易拔断，幼根变褐腐烂（图3-33、图3-34）。

图3-33 幼芽黄褐枯死

图3-34 幼苗成片死亡

（二）发生规律

低温缺氧是引起烂秧的主要原因。绵腐病和腐败病的病菌主要借灌溉水传播，水秧田易发生。立枯病菌在土壤或病残体中越冬，借气流传播。旱秧田易发生。

（三）防治措施

1. 农业防治

改进育秧方式，采用旱育秧稀植技术或采用薄膜覆盖或温室蒸气育秧；精选种子，选成熟度好、纯度高、干净的种子，浸种前晒种；选择高产、优质、抗病性强，适合当地生产条件的品种；抓好浸种催芽关，催芽要做到高温（36～38℃）露白、适温（28～32℃）催根、淋水长芽、低温炼苗；提高播种质量，日温稳定在12℃以上时方可露地育秧，播种以谷陷半粒为宜，播后撒灰，保温保湿有利于扎根竖芽；加强水肥管理，芽期以扎根立苗为主，保持畦面湿润，不能过早上水，遇霜冻短时灌水护芽。一叶展开后可适当灌浅水，2～3叶期灌水以减小温差，保温防冻，寒潮来临要灌"拦腰水"护苗，冷空气过后转为正常管理。

2. 种子处理

建立无病种子田；种子用包衣剂包衣，或用广谱性杀菌剂拌种，或用85%三氯异氰尿酸可湿性粉剂300～500倍液浸种12～24h，捞出沥水洗净，催芽播种；45%代森铵水剂500倍液浸种12～24h，洗净药液后催芽播种。

3. 药剂防治

首选新型植物生长剂——移栽灵混剂，如采用秧盘育秧，每盘（60cm×30cm）用0.2～0.5ml，一般每盘加水0.5kg，搅拌均匀溶在水中均匀浇在床土上。或用30%甲霜·噁霉灵液剂1 000倍液，或用38%噁霜·菌酯600倍液，浸种24～48h。发现中心病株后，首选25%甲霜灵可湿性粉剂800～1 000倍液或70%敌磺钠可溶性剂65%敌克松可湿性粉剂700倍液。或用40%甲霜·福美双可湿性粉剂50g/亩对水40kg喷雾，或先用少量清水把药剂和成糊状再全部溶入110kg水中，用喷壶在发病

初期浇洒。或30%噁霉灵可湿性粉剂500～800倍液，喷药时
应保持薄水层。也可在进水口用纱布袋装入90%以上硫酸铜
100～200g，随水流灌入秧田。

十、稻粒黑粉病

（一）症状识别

稻粒黑粉病又称黑穗病、稻墨黑穗病、乌米谷等，是一
种真菌病害。水稻受害后，穗部病粒少则数粒，多则十数粒至
数十粒。病谷米粒全部或部分被破坏，被破坏的米粒变成青黑
色粉末状物，即病原菌的冬孢子（图3-35）。

症状分为三种类型。

（1）谷粒不变色，
在外颖背线近护颖处开
裂，长出赤红色或白色
舌状物（病粒的胚及胚
乳部分），常黏附散出
的黑色粉末。

（2）谷粒不变色，
在内外颖间开裂，露出圆

图3-35　稻粒黑粉病病穗

锥形黑色角状物，破裂后，散出黑色粉末，黏附在开颖部分。

（3）谷粒变暗绿色，内外颖间不开裂，籽粒不充实，
与青粒相似，有的变为焦黄色，手捏有松软感，用水浸泡病
粒，谷粒变黑。

（二）发生规律

病菌以厚垣孢子在种子内和土壤中越冬。种子带菌随播
种进入稻田和土壤带菌是主要菌源。翌年萌发产生担孢子。担

孢子萌发产生菌丝或次生担孢子，次生担孢子再生菌丝。孢子借气流传播，在扬花灌浆期侵入花器为害。水稻扬花灌浆期遇高温、阴雨天气，以及偏施或迟施氮肥，水稻倒伏，会加重该病发生。

（三）防治措施

1. 农业防治

选用抗病优质水稻品种及无病种子，不在稻田留种；种谷经过精选后，可用药剂消毒处理（方法同稻瘟病）；加强肥水管理，增施磷、钾肥，防止迟施、偏施氮肥，合理灌溉，以减轻发病。

2. 化学防治

防治药剂可亩用20％三唑酮乳油80ml，或17％三唑醇可湿性粉剂100g，或12.5％烯唑醇可湿性粉剂70g等，对水50kg喷雾。

十一、水稻菌核秆腐病

（一）症状识别

水稻菌核秆腐病属真菌病害，又称水稻菌核病、水稻秆腐病，主要为害茎秆，我国各稻区均有发生。

主要发生于稻株下部叶鞘和茎秆，最初在近水面的叶鞘上产生黑褐色小病斑，逐渐向上扩展成黑色细条状、纺锤形或椭圆形病斑，可扩大到整个叶鞘。病菌菌丝侵入叶鞘内部茎秆，在茎秆上形成黑褐色线条状病斑，病重的茎秆基部变黑，最后茎秆腐烂，软化倒伏，使谷粒干秕变白。发病后期叶鞘和茎秆内部，可见灰白色菌丝和黑褐色菌核。病菌的分生孢子也可直接侵害穗部，引起穗枯（图3-36至图3-39）。

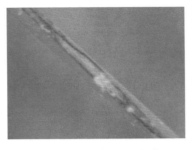

图3-36 病部可见灰白色菌丝

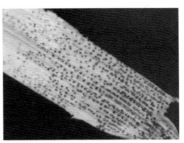

图3-37 茎秆内的小菌核

图3-38 穗颈发病

图3-39 穗部长出黑色小菌核

（二）发生规律

病菌以菌核在稻草、根茬、稻种中或散落在田间越冬。田间发病后，病菌可通过病健株接触、灌溉水、气流、雨水、昆虫等传播，以病、健株接触传播为主。雨日多，日照少，昼夜温差大，利于病害发生；长期灌水或深灌、排水不好的田块发病重；虫害重、伤口多，发病重。

（三）防治措施

1. 种植抗病品种

因地制宜地选用早广2号、汕优4号、IR24、粳稻184、闽晚6号、倒科春、冀粳14号、丹红、桂潮2号、广二104、双菲、珍汕97、珍龙13、红梅早、农虎6号、农红73、生陆矮8号、粳稻秀水系统、糯稻祥湖系统、早稻加籼系统等。

2. 减少菌源

病稻草要高温沤制，收割时要齐泥割稻。有条件的实行水旱轮作。插秧前打捞菌核。

3. 加强水肥管理

浅水勤灌，适时晒田，后期灌跑马水，防止断水过早。多施有机肥，增施磷钾肥，特别是钾肥，忌偏施氮肥。

4. 药剂防治

在水稻拔节期和孕穗期喷洒40%克瘟散（敌瘟灵）或40%稻瘟灵乳油1 000倍液、5%井冈霉素水剂1 000倍液、70%甲基硫菌灵（甲基托布津）可湿性粉剂1 000倍液、50%多菌灵可湿性粉剂800倍液、50%速克灵（腐霉利）可湿性粉剂1 500倍液、50%异菌脲（扑海因）或40%菌核净可湿性粉剂1 000倍液、20%甲基立枯磷乳油1 200倍液。

第二节　水稻虫害

一、黏虫

黏虫属鳞翅目、夜蛾科，俗称剃枝虫、栗夜盗虫、五彩虫、麦蚕等。各地均有发生。主要为害玉米、小麦、水稻、高粱以及谷子等禾本科作物。

（一）症状识别

水稻黏虫是多发型害虫，黏虫幼虫白天多潜伏在稻丛基部或稻田土壤缝隙中，夜晚或阴天出来为害，主要以幼虫咬食水稻叶片，1～2龄幼虫仅食叶肉形成小孔，3龄后才形成缺刻，5～6龄达暴食期，严重时将叶片吃光，乳熟期、黄熟期咬断小枝梗，往往1～2昼夜内落粒满田，造成严重减产，甚至绝收（图3-40、图3-41）。

图3-40　幼虫咬食水稻叶片　　　图3-41　水稻大田为害状

（二）发生规律

每年发生3～7代，以蛹在土中越冬。

幼虫发育以25～28℃和相对湿度75%～90%最为适宜。在北方湿度对其影响更为明显，月降水量高于100mm、相对湿度70%以上，为害严重。

（三）防治措施

冬季和早春结合积肥，彻底铲除田埂、田边杂草；设置杀虫灯或糖醋酒液诱杀成虫；低龄幼虫期喷药防治，药剂可选用灭幼脲、毒死蜱等。

二、稻苞虫

（一）症状识别

稻苞虫又叫卷叶虫，为水稻常发性虫害之一，常因其为害而导致水稻大幅度减产。稻苞虫常见的有直纹稻苞虫和隐纹稻苞虫，以直纹稻苞虫较为普遍。发生特点是成虫白天飞行敏捷，喜食糖类如芝麻、黄豆、油菜、棉花等的花蜜。凡是蜜源丰富地区，发生为害严重。1～2龄幼虫在叶尖或叶边缘纵卷成单叶小卷，3龄后卷叶增多，常卷叶2～8片，多的达15片左右，4龄以后呈暴食性，占一生所食总量的80%。白天苞内取食。黄昏或阴天苞外为害，导致受害植株矮小，穗短粒小成熟迟，甚至无法抽穗，影响开花结实，严重时期稻叶全被吃光。稻苞虫1代为害杂草和早稻，第2代为害中稻及部分早稻，第3代为害迟中稻和晚季稻虫口多，为害重。第4代为害晚稻。世代重叠，第2、第3代为害最重（图3-42、图3-43）。

图3-42　稻苞虫在叶片上　　　图3-43　稻苞虫为害状

（二）发生规律

稻苞虫在河南省每年发生4～5代。以老熟幼虫在田边、沟边、塘边等处的芦苇等杂草间，以及茭白、稻茬和再生稻上结苞越冬，越冬场所分散。越冬幼虫翌春小满前化蛹羽化为成虫后，主要在野生寄主上产卵繁殖1代，以后的成虫飞至稻田产卵。以6—8月发生的2、3代为主害代。成虫夜伏昼出，飞行力极强，以嗜食花蜜补充营养。有趋绿产卵的习性，喜在生长旺盛、叶色浓绿的稻叶上产卵；卵散产，多产于寄主叶的背面，一般1叶仅有卵1~2粒；少数产于叶鞘。单雌产卵量平均65~220粒。初孵幼虫先咬食卵壳，爬至叶尖或叶缘，吐丝缀叶结苞取食，幼虫白天多在苞内，清晨或傍晚，或在阴雨天气时常爬出苞外取食，咬食叶片，不留表皮，大龄幼虫可咬断稻穗小枝梗。3龄后抗药力强。有咬断叶苞坠落，随苞漂流或再择主结苞的习性。田水落干时，幼虫向植株下部老叶转移，灌水后又上移。幼虫共5龄，老熟后，有的在叶上化蛹，有的下移至稻丛基部化蛹。化蛹时，一般先吐丝结薄茧，将腹部两侧的白色蜡质物堵塞于茧的两端，再蜕皮化蛹。山区野生蜜源植物多，有利于繁殖；阴雨天，尤其是时晴时雨，有利于大发生。

（三）防治措施

1. 农业防治

合理密植，科学施肥，防旺长、防徒长避免造成田间郁闭；收获后及时清除病残体，深耕翻细整地，使表土实确、地面平整。

2. 生物防治

保护利用寄生蜂等天敌昆虫。

3. 药剂防治

当百丛水稻有卵80粒或幼虫10~20头时，在幼虫3龄以前，抓住重点田块进行药剂防治。每亩可用90%敌百虫可溶粉剂75~100g，或50%杀螟松乳油100~250ml等药剂，对水喷雾。

三、褐飞虱

褐飞虱属半翅目、飞虱科。

（一）症状识别

成虫和若虫群集于稻丛下部刺吸汁液，造成成片死秆倒伏，形成的伤口有利于菌核秆腐病等病害的发生（图3-44至图3-46）。

（二）发生规律

由于各地迁入期及水稻栽培制度不同，繁殖代数不尽相同。每年春、秋季随季风变换，具有北迁南回的习性。

盛夏不热、晚秋不冷、夏秋多雨是褐飞虱成灾的重要气候条件。偏施、过施氮肥的田块，发生较重。

图3-44　稻丛下部为害状　　　　图3-45　稻叶片为害状

图3-46　褐飞虱为害造成稻株成片枯死

（三）防治措施

加强田间肥水管理，防止后期贪青徒长，适当烤田，降低田间湿度；必要时喷洒醚菊酯、烯啶虫胺等药剂。

四、大螟

（一）症状识别

大螟别名稻蛀茎夜蛾、紫螟。该虫原仅在稻田周边零星发生，随着耕作制度的变化，尤其是推广杂交稻以后，发生程度显著上升，近年来在我国部分地区更有超过三化螟的趋势，成为水稻常发性害虫之一。大螟为害状与二化螟相似，以幼虫蛀入稻茎为害，可造成枯鞘、枯心苗、枯孕穗、白穗及虫伤株。大螟为害的蛀孔较大，虫粪多，有大量虫粪排出茎外，受害稻茎的叶片、叶鞘部都变为黄色，有别于二化螟。大螟造成的枯心苗田边较多，田中间较少，有别于二化螟、三化螟为害造成的枯心苗（图3-47、图3-48）。

图3-47 幼虫蛀入稻茎　　　图3-48 大螟造成的白穗

（二）发生规律

一年发生4代左右，以幼虫在稻茬、杂草根间、玉米、高梁及茭白等残体内越冬。翌春老熟幼虫在气温高于10℃时开始化蛹，15℃时羽化，越冬代成虫把卵产在春玉米或田边看麦娘等杂草叶鞘内侧，幼虫孵化后再转移到邻近边行水稻上蛀入叶鞘内取食，蛀入处可见红褐色锈斑块。3龄前常十几头群集在一起，把叶鞘内层吃光，后钻进心部造成枯心。3龄后分散，为害田边2~3墩稻苗，蛀孔距水面10~30cm，老熟时在叶鞘处化蛹。成虫趋光性不强，飞翔力弱，常栖息在株间。每只雌虫可产卵240粒，卵历期1代为12天，2、3代5~6天；幼虫期1代约30天，2代28天，3代32天；蛹期10~15天。一般田边比田中产卵多，为害重。稻田附近种植玉米、茭白等的地区大螟为害比较严重。

（三）防治措施

1. 农业防治

冬春期间铲除田边杂草，消灭其中越冬幼虫和蛹；早稻收割后及时翻耕沤田；早玉米收获后及时清除遗株，消灭其中幼虫和蛹；有茭白的地区，应在早春前齐泥割去残株。

2. 化学防治

根据"狠治一代，重点防治稻田边行"的防治策略，当枯鞘率达5%，或始见枯心苗为害状时，在幼虫1~2龄阶段，及时喷药防治。可亩用18%杀虫双水剂250ml，或25%吡蚜酮悬浮剂20g，或50%杀螟丹乳油100ml等药剂，对水50kg喷雾。

五、稻纵卷叶螟

（一）症状识别

稻纵卷叶螟是水稻田常见的广谱性害虫之一，我国各稻区均有发生。以幼虫缀丝纵卷水稻叶片成虫苞，叶肉被螟虫食后形成白色条斑，严重时连片造成白叶，幼虫稍大便可在水稻心叶吐丝，把叶片两边卷成为管状虫苞，虫子躲在苞内取食叶肉和上表皮，抽穗后，至较嫩的叶鞘内为害。不同品种间受害程度差异显著（图3-49至图3-52）。

图3-49　幼虫

图3-50　幼虫啃食叶肉形成白色条斑

图3-51　幼虫卷叶为害

图3-52　严重发生时造成白叶

（二）发生规律

稻纵卷叶螟是一种远距离迁飞性害虫，在北纬30°以北稻区不能越冬，故河南省稻区初次虫源均自南方稻区迁来。1年发生的世代数随纬度和海拔高度形成的温度而异，河南省稻区一般1年发生4代，常年6月上旬至7月中旬从南方稻区迁来，7月上旬至8月上旬为主害期。该虫的成虫有趋光性，栖息趋隐蔽性和产卵趋嫩性，且能长距离迁飞。成虫羽化后2天常选择生长茂密的稻田产卵，产卵位置因水稻生育期而异，卵多产在叶片中脉附近。适温高湿产卵量大，一般每雌产卵40～70粒，最多150粒以上；卵多单产，也有2～5粒产于一起。气温22～28℃、相对湿度80%以上，卵孵化率可达80%以上。1龄幼虫在分蘖期爬入心叶或嫩叶鞘内侧啃食，在孕穗抽穗期，则爬至老虫苞或嫩叶鞘内侧啃食。2龄幼虫可将叶尖卷成小虫苞，然后吐丝纵卷稻叶形成新的虫苞，幼虫潜藏虫苞内啃食。幼虫蜕皮前，常转移至新叶重新做苞。4～5龄幼虫食量占总取食量95%左右，为害最大。老熟幼虫在稻丛基部的黄叶或无效分蘖的嫩叶苞中化蛹，有的在稻丛间，少数在老虫苞中。

　　该虫喜欢生长嫩绿、湿度大的稻田。适温高湿情况下，有利于成虫产卵、孵化和幼虫成活，因此，多雨日及多露水的高湿天气有利于稻纵卷叶螟发生。多施氮肥、迟施氮肥的稻田发生量大，为害重。水稻叶片窄、生长挺立（田间通风透光好）、叶面多毛的品种不利于稻纵卷叶螟发生；水稻叶片宽、生长披垂（田间通风透光差）、叶面少毛的品种有利于稻纵卷叶螟发生。若遇冬季气温偏高，其越冬地界北移，翌年发生早；夏季多台风，则随气流迁飞机会增多，发生会加重。

（三）防治措施

1. 农业防治

合理密植，科学施肥，注意不要偏施氮肥和过晚施氮肥，防止徒长；培育壮苗，提高植株抗虫能力。

2. 药剂防治

在水稻孕穗期或幼虫孵化高峰期至低龄幼虫期是防治关

键时期，每百丛水稻有初卷小虫苞15~20个，或穗期每百丛有虫20头时施药。每亩用15%三唑酮可湿性粉剂800~1 000倍液+90%敌百虫可溶性粉剂1 000~1 500倍液喷雾，按50~60kg常规喷雾或超低量喷雾，可有效地防治稻纵卷叶螟、稻苞虫，还可兼治稻纹枯病、稻曲病、稻粒黑粉病等多种穗期病害。应掌握在幼虫2龄期前防治效果最好。一般用20%氯虫苯甲酰胺乳油10ml/亩、40%氯虫·噻虫嗪水分散粒剂8~10g/亩、31%唑磷·氟啶脲乳油60~70ml/亩、3%阿维·氟铃脲可湿性粉剂50~60g/亩、10%甲维·三唑磷乳油100~120ml/亩、2%阿维菌素乳油25~50ml/亩。或用25%杀虫双水剂150~200ml/亩，或50%杀螟松乳油60ml/亩，分别对水50~60kg常规喷雾，或对水5~7.5kg低量喷雾。

六、稻蓟马

（一）症状识别

稻蓟马成虫为黑褐色，有翅，爬行很快。一生分卵、若虫和成虫三个阶段。成虫、若虫均可为害水稻、茭白等禾本科作物的幼嫩部位，吸食汁液，被害的稻叶失水卷曲，稻苗落黄，稻叶上有星星点点的白色斑点或产生水渍状黄斑，心叶萎缩，虫害严重的内叶不能展开，嫩梢干缩，籽粒干瘪，影响产量和品质。若虫和成虫相似，淡黄色，很小，无翅、常卷在稻叶的尖端，刺吸稻叶的汁液。由于稻蓟马很小，一般情况下，不易引起人们注意，只是当水稻严重为害而造成大量卷叶时才被发现，因此，要及时检查，把稻蓟马消灭在幼虫期（图3-53、图3-54）。

图3-53　稻蓟马为害叶片造成卷缩枯黄

图3-54　籽粒干瘪

（二）发生规律

稻蓟马生活周期短，发生代数多，世代重叠，田间世代很难划分。多数以成虫在麦田、茭白及禾本科杂草等处越冬。成虫常藏身卷叶尖或心叶内，早晚及阴天外出活动，能飞，能随气流扩散。卵散产于叶脉间，有明显趋嫩绿稻苗产卵习性。初孵幼虫集中在叶耳、叶舌处，更喜欢在幼嫩心叶上为害。若7—8月遇低温多雨，则有利其发生为害；秧苗期、分蘖期和幼穗分化期，是稻蓟马的为害高峰期，尤其是水稻品种混栽田、施肥过多及本田初期受害会加重。

（三）防治措施

1. 农业防治

冬春季及早铲除杂草，特别是秧田附近的游草及其他禾本科杂草等越冬寄主，降低虫源基数；科学规划，合理布局，同一品种、同一类型尽可能集中种植；加强田间管理，培育壮秧壮苗，增强植株抗病能力。

2. 生物防治

稻蓟马的天敌主要有花蝽、微蛛、稻红瓢虫等，要保护天敌，发挥天敌的自然控制作用。

3. 药剂防治

采取"狠治秧田，巧治大田；主攻若虫，兼治成虫"的防治策略。依据稻蓟马的发生为害规律，防治适期为秧苗4叶期、5叶期和稻苗返青期。防治指标为若虫发生盛期，当秧田百株虫量达到200～300头或卷叶株率达到10%～20%，水稻本田百株虫量达到300～500头或卷叶株率达到20%～30%时，应进行药剂防治。可亩用90%敌百虫可溶粉剂1 000倍液，或10%吡虫啉可湿性粉剂20g等药剂对水50kg田间均匀喷雾，以清晨和傍晚防治效果较好。由于受害水稻生长势弱，适当增施速效肥，可帮助其恢复生长，减少损失。

七、稻管蓟马

稻管蓟马属缨翅目、管蓟马科。

（一）症状识别

成虫1～2代和若虫以口器磨破稻叶表皮，吸食汁液，被害叶上出现黄白色小斑点或微孔，叶尖枯黄卷缩，严重时可使成片秧苗发黄、发红，状如火烧。本田稻苗严重受害时，影响稻株返青和分蘖，生长受阻，稻苗坐蔸；孕穗期严重受害，影响小穗发育，抽出穗只有白色丝状颖壳；抽穗期受害，花器被破坏，影响受粉结实，有的造成空壳（图3-55、图3-56）。

在水稻整个生育期均有发生，但在水稻生长前期发生数量比稻蓟马少，多发生在水稻扬花期。

图3-55　叶尖枯黄卷缩

图3-56　成虫为害稻穗

（二）发生规律

在江苏1年发生9～11代，安徽年发生11代，浙江年发生10～12代，福建中部年发生约15代，广东中南部年发生15代以上。成虫和若虫都怕光和干旱，喜湿润环境。其生长发育和繁殖的适宜温度在10～28℃，最适温度为15～25℃。冬季气候温暖，有利于稻蓟马的越冬和提早繁殖。江淮地区一般于4月中旬起虫口数量呈直线上升，5—6月达最高虫口密度；在6月初到7月上旬，凡阴雨日多，气温维持在22～23℃的天数多，稻蓟马就会大发生；7月中旬高温少雨，虫数剧降；秋季又稍有回升，数量较少。秧苗3叶期以后，本田自返青至分蘖期是稻蓟马的严重为害期，此时，每单株有若虫或蛹1～2头，可以造成叶尖初卷；有虫5头，卷叶3～5cm，有时达全叶的1/2；有虫10头以上，叶片大部纵卷，甚至全叶枯死。水稻分蘖末期，苗大叶健，即使虫量较多；也不会使叶片纵卷，对水稻生长无明显影响。如稻后种植绿肥和油菜，将为稻蓟马提供充足的食源和越冬场所。

（三）防治措施

1. 农业防治

铲除田边、沟边、塘边杂草，清除田埂地旁的枯枝落叶。培育和移栽壮秧，以缩短受害危险期。

2. 生物防治

合理施药保护稻田蜘蛛，使蜘蛛种群数量回升相对快于稻蓟马，以发挥天敌作用。

3. 化学防治

清水选种，分级浸种催芽，待种芽破胸后，将种芽洗净晾干，然后装入袋中，按干种子量1%的剂量加入35%的好年冬种子处理剂。直播稻播后30天内处于分蘖阶段和叶色嫩绿，有利于稻蓟马为害。播前3天每亩用10%吡虫啉可湿性粉剂20g，加浸种灵和25%咪鲜胺各2ml，加水12L，浸种60h后催芽播种，对苗期稻蓟马防效可达95%以上，药效期长达30天左右。用10%吡虫啉2 500倍液+5%阿维菌素5 000～6 000倍液，进行叶面喷杀2～3次，隔5～7天喷1次。

八、稻眼蝶

稻眼蝶属鳞翅目、眼蝶科，又称黄褐蛇目蝶、日月蝶、蛇目蝶、短角稻眼蝶。

（一）症状识别

以幼虫啃食稻叶，为害严重时整丛叶片均被吃光，剩下主脉，以致严重影响水稻正常生长发育，造成减产（图3-57至图3-60）。

图3-57　成虫翅膀

图3-58　成虫交尾

图3-59　幼虫

图3-60　蛹在稻叶上

（二）发生规律

一年发生4~6代，以蛹和幼虫在稻田、河边杂草上越冬。成虫于上午羽化，不很活泼，畏强光，白天多隐蔽在稻丛、竹林、树阴等荫蔽处，早晨、傍晚外出活动，交尾也多在此时进行。卵散产，多产于稻叶上。老熟后即吐丝将尾部固定于叶上，然后卷曲体躯，倒悬脱皮化蛹。一般山林、竹园、房屋边的稻田受害较重。

（三）防治措施

1.农业防治

结合冬春积肥，及时铲除田边、沟边、塘边杂草，能有

123

效地降低越冬幼虫或蛹的数量。利用幼虫假死性，震落后捕杀或放鸭啄食。

2. 药剂防治

在防治稻纵卷叶螟或稻弄蝶时可兼治稻眼蝶。必要时掌握在2龄幼虫为害高峰期前单独防治。可喷洒50%杀螟松乳油600倍液，或90%敌百虫可溶粉剂600倍液，或10%吡虫啉可湿性粉剂2 500倍液。或渗透性好、有内吸传导及熏蒸作用的阿维菌素等药剂。

九、稻象甲

（一）症状识别

稻象甲别名稻象。分布在我国北起黑龙江，南至广东、海南，西抵陕西、甘肃、四川和云南，东达沿海各地和中国台湾。寄主为稻、瓜类、番茄、大豆、棉花，成虫偶食麦类、玉米和油菜等。成虫以管状喙咬食秧苗茎叶，被害心叶抽出后，为害较轻的呈现一横排小孔，为害较重的秧叶折断，漂浮于水面。幼虫食害稻株幼嫩须根，致叶尖发黄，生长不良。严重时不能抽穗，或造成秕谷，甚至成片枯死（图3-61、图3-62）。

图3-61　稻象甲成虫

图3-62　稻象甲为害造成的整齐的小孔

（二）发生规律

浙江1年发生1代；江西、贵州等地部分1年发生1代，多为2代；广东1年发生2代。1代区以成虫越冬，1、2代交叉区和2代区也以成虫为主，幼虫也能越冬，个别以蛹越冬。幼虫、蛹多在土表3～6cm深处的根际越冬，成虫常蛰伏在田埂、地边杂草落叶下越冬。江苏南部地区越冬成虫于翌年5—6月产卵，10月间羽化。江西越冬成虫则于翌年5月上中旬产卵，5月下旬第1代幼虫孵化，7月中旬至8月中下旬羽化。第2代幼虫于7月底至8月上中旬孵化，部分于10月化蛹或羽化后越冬。一般在早稻返青期为害最重。第1代约2个月，第2代长达8个月，卵期5～6天，第1代幼虫60～70天，越冬代的幼虫期则长达6～7个月。第1代蛹期6～10天，成虫早晚活动，白天躲在秧田或稻丛基部株间或田埂的草丛中，有假死性和趋光性。产卵前先在离水面3cm左右的稻茎或叶鞘上咬1个小孔，每孔产卵13～20粒；幼虫喜聚集在土下，食害幼嫩稻根，老熟后在稻根附近土下3～7cm处筑土室化蛹。通气性好，含水量较低的沙壤田、干燥田、旱秧田易受害。春暖多雨，利其化蛹和羽化，早稻分蘖期多雨利于成虫产卵。

年发生1～2代的地区，一般在单季稻区发生1代，双季稻或单、双季混栽区发生两代。以成虫在稻茬周围、土隙中越冬为主，也有在田埂、沟边草丛松土中越冬，少数以幼虫成蛹在稻茬附近土下3～6cm深处做土室越冬。成虫有趋光性和假死性，善游水，好攀登。卵产于稻株近水面3cm左右处，成虫在稻株上咬1个小孔产卵，每处3～20粒不等。幼虫孵出后，在叶鞘内短暂停留取食后，沿稻茎钻入土中，一般都群聚在土下深2～3cm处，取食水稻的幼嫩须根和腐殖质，一丛稻根处多的有虫几十条发生为害。其数量丘陵、半山区比平原多，通气性好、含水量较低的沙壤田、干燥田、旱秧田易受害。春暖多雨，利其化蛹和羽化，早稻分蘖期多雨利于成虫产卵。

（三）防治措施

1.农业防治

注意铲除田边、沟边杂草，春耕沤田时多耕多耙，使土中蛰伏的成、幼虫浮到水面上，之后捞起深埋或烧毁；可结合耕田，排干田水，然后撒石灰或茶籽饼粉40~50kg，可杀死大量虫口。

2.物理防治

利用成虫喜食甜食的习性，用糖醋稻草把、南瓜片、山芋片等诱捕成虫，还可以在成虫盛发期，用黑光灯诱杀，效果较好。

3.化学防治

在稻象甲为害严重的地区，已见稻叶受害时，可使用50%杀螟松乳油800倍液或90%敌百虫可溶粉剂600倍液喷雾。

十、稻蝽蟓

（一）症状识别

为害水稻的稻蝽蟓主要属于半翅目的蝽科和缘蝽科两个科，常见的有稻绿蝽、稻黑蝽、大稻缘蝽、稻棘缘蝽等，均属局部地区间歇性为害的害虫。以成虫、若虫用口器刺吸茎秆汁液、谷粒汁液，造成植株枯黄或秕谷，减产甚至失收。成虫、若虫具有假死性，成虫具有趋光性，主要为害水稻植株及穗粒，防治适期为水稻抽穗期（图3-63至图3-68）。

图3-63 稻绿蝽

图3-64 稻黑蝽

图3-65 大稻缘蝽

图3-66 稻棘缘蝽

图3-67 稻穗为害状

图3-68 大田为害状

（二）发生规律

稻蝽蟓是罕见的迁飞性水稻害虫。在6—7时或者18时之后到田间观看水稻上是否聚集稻蝽蟓。一般稻蝽蟓分为很多种，有圆形的，有长形的。如果在水稻上聚集的比较多的话，那就是稻蝽蟓为害。

（三）防治措施

1. 农业防治

经常清除田间地边及附近杂草，调节播种期，使水稻抽穗期避开蝽蟓发生高峰期；统一作物布局，集中连片种植。

2. 物理防治

黑光灯+糖醋液诱杀成虫，减少产卵量，降低发生概率。

3. 药剂防治

防治适期在水稻抽穗期到乳熟期进行，防治指标为百丛（兜）虫量8~12头；在早晚露水未干时喷药效果最好。每亩可选用2.5%溴氰菊酯乳油20~30ml，或2.5%高效氯氟氰菊酯乳剂20~30ml，或10%吡虫啉可湿性粉剂50~75g，分别对水50~60kg混匀喷雾。

十一、麦长管蚜

麦长管蚜属半翅目、蚜科。分布在全国各产麦区。寄主小麦、大麦、燕麦，南方偶害水稻、玉米、甘蔗、获草等。

（一）症状识别

成、若虫刺吸水稻茎叶、嫩穗，不仅影响水稻生长发育，还分泌蜜露引起煤污病，影响光合作用和千粒重（图3-69至图3-73）。

图3-69 有翅蚜背面

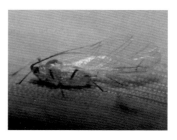

图3-70 有翅蚜侧面

图3-71 有翅蚜展翅

图3-72 无翅蚜胎生若蚜

图3-73 无翅蚜若蚜

（二）发生规律

长江以南以无翅胎生成蚜和若蚜于稻株心叶或叶鞘内侧及早熟禾、看麦娘、狗尾草等杂草上越冬。

（三）防治措施

清除田间、地边杂草；当有蚜株率达10%时，喷施啶虫脒、抗蚜威等药剂防治。

十二、禾谷缢管蚜

禾谷缢管蚜属半翅目、蚜科，又称粟缢管蚜、小米蚜、麦缢管蚜、黍蚜。

（一）症状识别

以成、若虫吸食叶片、茎秆和嫩穗的汁液，不仅影响植株正常生长，还会传播病毒病（图3-74至图3-79）。

图3-74　有翅蚜前翅中脉分支2次，分岔小

图3-75　有翅成虫体深绿色

图3-76　初羽化的成虫体色浅

图3-77　无翅蚜橄榄绿至墨绿色

图3-78　无翅蚜胎生若蚜

图3-79　若蚜

（二）发生规律

一年发生10～20代。在30℃左右发育最快，喜高湿，不耐干旱。

（三）防治措施

主要防治方法见麦长管蚜。

十三、中华稻蝗

（一）症状识别

中华稻蝗主要为害水稻等禾本科作物及杂草，各稻区均有分布，是水稻上的重要害虫。中华稻蝗成、若虫均能取食水稻叶片，造成缺刻，严重时稻叶被吃光，也可咬断稻穗和乳熟的谷粒，影响产量（图3-80、图3-81）。

图3-80　中华稻蝗为害水稻幼苗　　图3-81　中华稻蝗啃食水稻叶片

（二）发生规律

1. 发生世代和发生时期

中华稻蝗每年发生1代，以卵在土表层越冬，3月下旬至清明前孵化，一般6月上旬出现成虫。低龄若虫在孵化后有群集生活习性，取食田埂沟边的禾本科杂草；3龄以后开始分散，迁入秧田食害秧苗，水稻移栽后再由田边逐步向田内扩散；4龄起食量大增，且能咬茎和谷粒，至成虫时食量最大，扩散到全田为害。7—8月的水稻拔节孕穗期是稻蝗大量扩散为害期。

2. 影响其发生的因素

该虫的发生与稻田生态环境、气候等有密切的关系。田埂边发生重于田中间，因蝗虫多就近取食，且田埂日光充足，有利其活动；老稻区发生重，新稻区发生轻，因老稻田卵块密度大，基数大；田埂湿度大，环境稳定，有利其发生；1年一熟田发生重，两熟田发生轻；冬春气温偏高有利于其越冬卵的成活、孵化和为害。

（三）防治措施

1. 农业防治

稻蝗喜在田埂、地头、沟渠旁产卵，发生重的地区组织人力于冬春铲除田埂草皮，破坏其越冬场所。

2. 生物防治

放鸭啄食及保护和利用青蛙、蟾蜍等天敌，可有效抑制稻蝗发生。

3. 化学防治

利用3龄前稻蝗群集在田埂、地边、渠旁取食杂草嫩叶特点，突击防治。当进入3~4龄后常转入大田，当百株有虫10头以上时，每亩应及时使用5%氟虫脲水剂5~10ml，或20%阿维·杀虫单微乳剂30~45ml等药剂，对水50kg喷雾，均能取得良好防效。

第四章　马铃薯病虫害诊断与防治

第一节　马铃薯病害

一、炭疽病

马铃薯炭疽病是马铃薯生产上一种重要的病害，该病可为害马铃薯茎块、葡匐枝、根、茎、叶。

（一）症状识别

马铃薯叶片染病后，叶片颜色变淡，顶端叶片稍向上反卷，在叶片上形成近圆形或不定形的赤褐色至褐色坏死斑，后转变为灰褐色，边缘明显，相互汇合形成大的坏死斑。为害严重时也可侵染块茎，引起植株萎蔫和块茎腐烂（图4-1、图4-2）。

图4-1　马铃薯炭疽病叶片反卷

图4-2　马铃薯炭疽病病茎

（二）发生规律

病菌主要以菌丝体在种薯或病残体中越冬，翌年产生分生孢子随雨水传播，分生孢子产生芽管，从植株伤口或直接侵入，高温、高湿条件下传播蔓延迅速。

（三）防治措施

（1）农业防治。一是选用健康种薯；二是合理轮作，避免与茄科作物轮作。

（2）化学防治。发病初期开始喷洒75%嘧菌酯·戊唑醇水分散粒剂3 000倍液，或50%多·硫悬浮剂500倍液，或50%多菌灵可湿性粉剂800倍液、80%福·福锌可湿性粉剂800倍液、70%甲基硫菌灵可湿性粉剂1 000倍液加75%百菌清可湿性粉剂1 000倍液。

二、黄萎病

马铃薯黄萎病是马铃薯生产上的一种重要病害，又称早死病或早熟病，国内各马铃薯主产区均有发生。

（一）症状识别

整个生育期均可侵染，症状多在马铃薯生长中后期出现，植株染病后，在下部叶片近边缘的区域和叶脉间褪绿变黄，后变褐干枯，但不卷曲，直到全部叶片枯死，但不脱落。当叶片黄化后，剖开根茎，维管束变褐色，块茎染病始于脐部，纵切病薯可见"八"字半圆形变色环（图4-3至图4-6）。

（二）发生规律

该病为土传性维管束病害，病菌以微菌核在土壤、病残体及薯块上越冬，翌年种植带菌的马铃薯即引起发病。病菌在体内蔓延，在维管束内繁殖，并扩展到枝叶上，该病不能在当年进行重复侵染。病菌发育温度范围为5~30℃，最适温度为19~24℃，气温低时，伤口愈合慢的情况下利于病菌侵入。地势低洼、施用未腐熟的有机肥、灌水不当及连作地发病重。

图4-3　叶片变黄

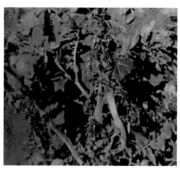

图4-4　黄萎病植株枯死

图4-5　黄萎病后期大田状

图4-6　茎部症状

（三）防治措施

（1）农业防治。①选育抗病品种。②施用充分腐熟的有机肥。③与非茄科作物实行4年以上的轮作。

（2）化学防治。①种薯播种前进行药剂浸种，可选用

50%多菌灵可湿性粉剂500倍液浸种1h。②发病初期可选用65%十二烷胍可湿性粉剂800~1 000倍液、50%多菌灵可湿性粉剂500倍液进行喷施。

三、早疫病

马铃薯早疫病是马铃薯叶片上的一种主要病害，也能为害叶柄、茎和薯块，因其在叶片上发生时病斑呈轮纹状，也称马铃薯轮纹病。该病如在马铃薯生长早期发生，可以使马铃薯叶片干枯脱落，田间植株成片枯黄，块茎产量严重下降，该病如在马铃薯生长后期发生，对田间产量影响不大。

（一）症状识别

叶片发病后，最初为褐色圆形的小斑点，后逐渐扩大呈暗褐色至黑色的带有同心轮纹的病斑，病健交接部有狭窄的黄色晕圈，多从植株下部叶片发生，逐渐向上部蔓延。当湿度大时，病斑表面有黑色霉层。茎秆染病后出现黑褐色病斑，呈长线条状，稍凹陷，后期扩大成椭圆形病斑，严重时上部叶片枯黄脱落，至整株枯死。块茎染病后，表皮产生大小不一、微凹陷的病斑，呈黑色，病健部明显，皮下组织呈褐色干腐状（图4-7、图4-8）。

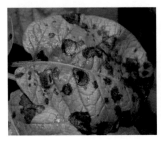
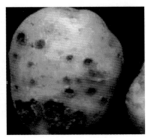

图4-7　同心圆病斑　　　　图4-8　块茎症状

（二）发生规律

病原菌分生孢子最适宜侵染温度为12~16℃，发病最适温度为24~30℃，而相对湿度要在80%以上，早晨、傍晚或雨天有水滴形成时侵染率更高。马铃薯品种间抗病性差异大，总体来说，早熟品种容易感病，而晚熟品种相对抗病，同时不同生育期发病率不一样，苗期至初花前抗性较强，花期至生长末期抗性逐渐减弱。偏施氮肥、磷肥会导致发病加重。

（三）防治措施

（1）选用早熟耐病品种，适当提早收获。

（2）选择土壤肥沃的高燥田块种植，增施有机肥，推行配方施肥，提高寄主抗病力。

（3）一般在马铃薯盛花期后，田间下部叶片早疫病的病斑率达到5%时开始防治，可用250g/L嘧菌酯悬浮剂30~50ml/亩，或75%代森锰锌水分散粒剂100g/亩，或10%苯醚甲环唑水分散粒剂70~100g/亩，或20%烯肟菌胺·戊唑醇悬浮剂35~70g/亩，间隔7~10天喷施1次，连喷2~3次。

四、晚疫病

晚疫病是马铃薯病害中发生较为普遍，为害较为严重的一种病害，多年来大面积发生成灾。在多雨、气候冷湿的年份，受害植株提前枯死，损失可达20%~40%。

（一）症状识别

马铃薯晚疫病可为害叶、茎及块茎。叶部病斑大多先从叶尖或叶缘开始，初为水浸状褪绿斑，后渐扩大，在空气湿度大时，病斑迅速扩大，可扩及叶的大半以至全叶，并可沿叶脉侵入叶柄及茎部，形成褐色条斑。最后植株叶片萎垂，发黑，全株枯死。在茎上的症状，茎秆发黑，叶芽干枯。湿度大的情况下在叶片背面、茎秆上的病健交界处会出现灰白色的霉层，在天气干燥的时候霉层不明显（图4-9、图4-10）。

图4-9　叶部病斑

图4-10　全株枯死

（二）发生规律

马铃薯晚疫病菌主要以菌丝体在块茎中越冬，带菌种薯是病害侵染的主要来源，病薯播种后，多数病芽失去发芽能力或出土前腐烂，少数病薯的越冬菌丝随种薯发芽而开动、扩展并向幼芽蔓延，形成病菌，即中心病株。出现中心病株后。病部产生分生孢子囊，借风雨传播再侵染。病菌从气孔或直接穿透表皮侵入叶片，而为害块茎时则通过伤口、皮孔和芽眼侵入。

晚疫病在多雨年份易流行成灾。地势低洼排水不良的地块发病重，平地较垄地发病重。过分密植或株型高大可使小气候增加湿度，有利于发病。偏施氮肥引起植株徒长，或者土壤瘠薄缺氧或黏重土壤使植株生长衰弱，均有利于病害发生。增施钾肥可提高植株抗病性减轻病害发生。马铃薯的不同生育期对晚疫病的抗病力也不一致，一般幼苗抗病力强，而开花期前后最容易感病。叶片着生部位也影响发病，顶叶最抗病，中部次之，底叶最容易感病。

（三）防治措施

防治马铃薯晚疫病，应以推广抗病品种、选用无病种薯为基础，并结合进行消灭中心病株、药剂防治和改进栽培技术等综合防治。

（1）选育和利用抗病品种。

（2）建立无病留种地、选用无病种薯和种薯处理。无病留种田应与大田相距2.5km以上，以减少病菌传播侵染机会，并严格施行各种防治措施。选用无病种薯也是防病的有效措施，可在发病较轻的地块，选择无病植株单收、单藏，留作种用。对种薯处理，可用200倍福尔马林液浸种5min，而后堆积覆盖严密，闷种2h，再摊开晾干。

（3）加强栽培管理。中心病株出现应即清除，或摘去病叶就地深埋。生长后期培土，减少病菌侵染薯块的机会，缩小株距，或在花蕾期喷施90mg/kg多效唑药液控制地上部植株生长，降低田间小气候湿度，均可减轻病情。在病害流行年份，适当提早割蔓，2周后再收取薯块，可避免薯块与病株接触机会，降低薯块带菌率。

（4）药剂防治。在马铃薯开花前后，田间发现中心病株后，立即拔除深埋，并喷洒药剂进行防治。可使用72％霜脲·锰锌可湿性粉剂100g/亩全田均匀喷洒，进行预防保护性防治，用52.5％噁酮·霜脲氰水分散粉剂每亩40g喷雾施药间隔期为5～10天施药1次；正常天气条件下间隔7～10天用药，25％甲霜灵可湿性粉剂800倍液，或用65％代森锌可湿性粉剂500倍液，64％噁霜·锰锌可湿性粉剂500倍液，40％乙膦铝可湿性粉剂500倍液，75％百菌清可湿性粉剂600～800倍液喷雾。每隔7～10天喷药1次，连续喷药2～3次。如干旱少雨，喷药间隔天数可适当延长。

在高湿多雨条件下应间隔5~7天用药1次。根据病情发生风险的大小可适当调整用药次数。

五、环腐病

（一）症状识别

地上部染病分枯斑和萎蔫两种类型。枯斑型多在植株基部复叶的顶上先发病，叶尖和叶缘及叶脉呈绿色，叶肉为黄绿或灰绿色，具明显斑驳，且叶尖干枯或向内纵卷，病情向上扩展，致全株枯死；萎蔫型初期则从顶端复叶开始萎蔫，叶缘稍内卷，似缺水状，病情向下扩展，全株叶片开始褪绿，内卷下垂，终致植株倒伏枯死，块茎发病，切开可见维管束变为乳黄色以致黑褐色，皮层内现环形或弧形坏死部，故称环腐，经贮藏块茎芽眼变黑干枯或外表爆裂，播种后不出芽，或出芽后枯死或形成病株。病株的根、茎部维管束常变褐，病蔓有时溢出白色菌脓（图4-11至图4-14）。

（二）发生规律

该菌在种薯中越冬，成为翌年初侵染源，病薯播下后，一部分芽眼腐烂不发芽，另一部分出土的病芽，病菌沿维管束上升至茎中部，或沿茎进入新结薯块而致病。适合此菌生长温度为20~23℃，最高31~33℃，最低1~2℃。致死温度为干燥情况下50℃经10min。最适pH值6.8~8.4，传播途径主要是在切薯块时，病菌通过切刀带菌传染。

（三）防治措施

（1）选用种植抗病品种。

（2）建立无病留种田，尽可能采用整薯播种。切块要严格切刀消毒，每切一个块茎换一把刀或消毒1次。消毒可采用火焰烤刀、开水煮刀，或用75％酒精、0.2％升汞水、0.1％高锰酸钾等消毒。有条件的最好与选育新品种结合起来，利用杂交实生苗，繁育无病种薯。

（3）播前剔除病薯。把种薯先放在室内摊放5～6天，进行晾种，不断剔除烂薯，使田间环腐病大为减少。此外用50mg/kg硫酸铜浸泡种薯10min有较好效果。

（4）结合中耕培土，及时拔除病株，携出田外集中处理。

（5）可用50％甲基托布津可湿性粉剂500倍液浸种薯2h，然后晾干后播种。也可用种薯重量1.1％的75％敌磺钠可溶性粉剂加适量干细土混匀后拌种，随拌随播。

图4-11　环腐病病叶　　　　图4-12　环腐病植株

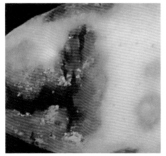

图4-13　块茎外部症状　　　　图4-14　块茎内部症状

六、黑胫病

马铃薯黑胫病在马铃薯产区均有不同程度发生，发病率一般为2%～5%，严重的达40%～50%。马铃薯黑胫病是为害马铃薯的一种重要病害，整个生长发育期均可发生，主要为害植株茎基部和块茎，在田间造成缺苗断垄及块茎腐烂，发病特点是发病早、发病快、死亡率高、防治困难。

（一）症状识别

该病从苗期到生育后期均可发病，主要为害植株茎基部和薯块。当幼苗生长到15～20cm开始出现症状，表现植株矮小，叶色褪绿黄化，节间短缩或上卷，茎基以上部位组织发黑腐烂，最终萎蔫而死，故称为黑胫病。由于植株茎基部和地下部受害，影响水分和养分的吸收和传导，造成不能结薯或结薯后停止生长并发生腐烂，且根系不发达，易从土中拔出。茎部发黑后，横切茎可见三条主要维管束变为褐色。薯块染病始于脐部，呈放射状向髓部扩展，病部黑褐色，横切可见维管束亦呈黑褐色，用手压挤皮肉不分离。湿度大时，薯块变为黑褐色，腐烂发臭，别于青枯病（图4-15、图4-16）。

图4-15　植株矮小　　　图4-16　茎基以上部位组织
　　　　　　　　　　　　　　　　　　发黑腐烂

（二）发生规律

该病是细菌引起的病害，通过种薯带菌传播，土壤一般不带菌。带菌种薯和田间未完全腐烂的病薯是病害的初侵染源，用刀切种薯是病害扩大传播的主要途径。病菌主要是通过伤口侵入寄主，在切薯块时扩大传染，引起更多种薯发病，再经维管束髓部进入植株，引起地上部发病。随着植株生长，侵入根、茎、匍匐茎和新结块茎，并从维管束向四周扩展，侵入附近薄壁组织的细胞间隙，分泌果胶酶溶解细胞壁的中胶层，使细胞离析，组织解体，呈腐烂状。病害发生程度与温湿度有密切关系。气温较高时发病重，高温高湿，有利于细菌繁殖和为害。播种前，种薯切块堆放在一起，不利于切面伤口迅速形成木栓层，也会使发病率增高。雨水多、土壤黏重而排水不良、低洼地发病重。田间病菌还可通过灌溉水、雨水、或昆虫传播从伤口再侵染健株。

（三）防治措施

（1）选用抗病品种。

（2）选用无病脱毒种薯。

（3）切块用草木灰拌种后立即播种。

（4）适时早播，注意排水，降低土壤湿度，提高地温，促进早出苗。

（5）及时摘除病株。田间发现病株应及时全株拔除，集中销毁，在病穴及周边撒少许熟石灰。后期病株要连同薯块提前收获，避免同健壮植株同时收获，防止薯块之间病害传播。

（6）药剂防治。发病初期可用100mg/kg农用链霉素喷雾，也可选用46.1%氢氧化铜水分散粒剂1 000～1 500倍液防治，或用20%喹菌酮可湿性粉剂1 000～1 500倍液喷洒，或用72%甲霜灵·锰锌兼治晚疫病，也可用波尔多液灌根处理。

（7）种薯入窖前要严格挑选，入窖后加强管理，窖温控制在1~4℃，防止窖温过高，湿度过大。

七、白绢病

马铃薯白绢病是马铃薯上常见病害之一，分布普遍。主要在我国南方发生，一般病株率10%~15%，可造成明显减产。贮藏期间，造成大量薯块腐烂。

（一）症状识别

该病主要为害薯块，有时也为害茎基部。薯块受侵染后，在病部密生白色绢丝状白色霉层，扩展后呈放射状，后期形成黄褐至棕褐色圆形粒状小菌核，剖开病薯，皮下组织变褐腐烂。茎基感病后，初期略呈水渍状，后在病部产生绢丝状白色霉层，后期形成紫黑色近圆形粒状小菌核，植株叶片变黄至枯死（图4-17、图4-18）。

图4-17　白绢病

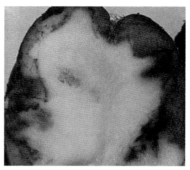

图4-18　薯块褐色

（二）发生规律

病菌以菌核或菌丝遗留在土中或病残体上越冬。田间主要通过雨水、灌溉水、土壤、病株残体、肥料及农事操作等传播蔓延。菌核抗逆性强，耐低温，萌发后产生菌丝，从根部或近地表茎基部侵入，形成中心病株，后在病部表面生白色绢丝状菌丝体及圆形小菌核，再向四周扩散。菌丝不耐干燥，发育适温32～33℃，最高40℃，最低8℃，耐酸碱度pH值为1.9～8.4，最适pH值为5.9。在我国南方种植区域，6—7月高温、高湿，栽植过密，行间通风透光不良，施用未充分腐熟的有机肥及连作地发病重。

（三）防治措施

（1）农业防治。①轮作。与禾本科作物轮作或水旱轮作。②施用充分腐熟的有机肥，适当追施硫酸铵、硝酸钙。③调整土壤酸碱度，结合整地，每亩施消石灰100～150kg，调节土壤呈中性至微碱性。

（2）化学防治。用20%五氯硝基苯粉剂每亩1kg加1kg细土施于茎基部土壤上。或用70%甲基硫菌灵可湿性粉剂800倍液，或20%三唑酮乳油2 000倍液，每隔7～10天喷施或灌穴1次。

八、癌肿病

癌肿病是一种真菌性病害。不抗病的品种感染癌肿病，可造成毁灭性的损失，发病轻的减产30%左右，重的减产90%，甚至绝收。感病块茎品质变劣，无法食用，完全失去利用价值，而且块茎感病后易于腐烂。这种病还侵染番茄、龙葵等，病菌可在土壤中潜存很多年，很难防治。

（一）症状识别

马铃薯癌肿病是由真菌所引起的一种植物病害，具有防治困难，为害性大，可随种薯，牲畜粪便、流水传播的特点。马铃薯癌肿病主要为害植株地下部分，薯块和匍匐茎上发生普遍。被害块茎的芽眼和匍匐茎，由于病菌刺激细胞不断分裂，形成大小不一、形状不定、粗糙突起的肿瘤，状如花椰菜。受害薯块表面常龟裂。癌瘤组织前期黄白色，露出土表部分变为绿色，后期变黑褐色。组织松软，易腐烂并产生恶臭味，有褐色黏液物。贮藏期间病薯仍能发展，甚至造成烂窖。病薯变黑，发出恶臭味；经长时间煮沸不易变软，难以食用。地上部受害，外观与健株差异不明显，但后期病株较健株高，保绿期限比健株长，分枝多，结浆果多。重病株的茎、叶、花均可受害而形成癌肿病变或畸形（图4-19、图4-20）。

图4-19　根茎部的肿瘤

图4-20　块茎上长出的肿瘤

（二）发生规律

一旦种植的马铃薯在田间发病，病菌孢子很难从土壤中消灭。癌肿病菌孢子在土壤中潜伏20年仍有生活力。除马铃薯块茎可以带病传播外，农具和人、畜带的有菌土壤，都可能传播。病薯块和薯秧也常混入肥料中致使厩肥传病等。癌肿病的休眠孢子抗逆性特别强，在80℃高温下能忍耐20h，在100℃的水中能存活10min左右。孢子侵入块茎的温度为3.5～24℃，最适温度为15℃。在土壤湿度为最大持水量的70%～90%时，地下部发病最严重，土壤干燥时发病轻。

（三）防治措施

（1）选用抗病品种，如米拉、费乌瑞它等。

（2）对疫区进行严格封锁，该地区的马铃薯禁止外运，以防病害蔓延。

（3）利用脱毒茎尖苗，快繁高度抗病品种，尽快更替不抗病的品种。

九、疮痂病

在北方二季作地区的秋季马铃薯为害特别严重。不抗病的品种，秋播时几乎每个块茎都感染疮痂病，有的块茎表皮全部被病菌侵染，致使外貌和品质受到严重影响。

（一）症状识别

马铃薯疮痂病是一种细菌性病害。疮痂病主要为害块茎，病菌从薯块皮孔及伤口侵入，开始在薯块表面生褐色小斑点，以后扩大或合并成褐色病斑。病斑中央凹入，边缘木栓化凸起，表面显著粗糙，呈疮痂状。病斑虽然仅限于皮层，但病薯不耐贮藏，影响外观，商品价值下降，经济损失严重（图4-21）。

图4-21　马铃薯疮痂病病斑

（二）发生规律

秋季播种早、土壤碱性、施未腐熟的有机肥料、结薯初期土壤干旱高温等，发病严重。放线菌在含石灰质土壤中特别多。在高温干旱条件下于这类土壤中种植不抗疮痂病的品种，往往发病严重。病菌发育最适温度为25～30℃，土壤温度21～24℃时，病害最为猖獗。低温、高湿和酸性土壤对病菌有抑制作用。

（三）防治措施

（1）选用抗病品种及无病种薯。

（2）在块茎生长期间，保持土壤湿度，特别是秋马铃薯薯块膨大期保持土壤湿润，防止干旱。秋季适当晚播，使马铃薯结薯初期避过高温。秋季马铃薯块茎膨大初期，小水勤浇，保持土壤湿润，降低地温。

（3）实行轮作倒茬，在易感疮痂病的甜菜地块以及碱性地块上不种植马铃薯。

（4）施用有机肥料，要充分腐熟。种植马铃薯地块上，避免施用石灰。秋季用1.5～2kg硫黄粉撒施后翻地进行土壤消毒，播种开沟时每亩再用1.5kg硫黄粉沟施消毒。

（5）药剂防治。可用0.2%的福尔马林溶液，在播种前浸种2h，或用对苯二酚100g，加水100L配成0.1%的溶液，于播种前浸种30min，而后取出晾干播种。

为保证药效，在浸种前需清理块茎上的泥土。农用链霉素、新植霉素、春雷霉素、氢氧化铜等药剂对病菌也有一定的杀灭作用。

十、粉痂病

粉痂病是真菌性病害，在南方一些地区常造成不同程度的产量损失。患粉痂病的植株生长势差，产量急剧下降。受害的块茎后期和疮痂病相似，块茎外形受到严重影响，降低商品价值，而且患病块茎不易贮藏。

（一）症状识别

主要发生于块茎、匐匍茎和根上。块茎染病初在表皮上出现针头大的褐色小斑，外围有半透明的晕环，后小斑逐渐隆起、膨大，成为直径3～5mm不等的疱斑，其表皮尚未破裂，为粉痂的"封闭疱"阶段。

图4-22　粉痂病

后随病情的发展，疱斑表皮破裂、皮卷，皮下组织出现橘红色，散出大量深褐色粉状物（孢子囊球），疱斑下陷，外围有晕环，为粉痂的"开放疱"阶段。根部染病，于根的一侧长出豆粒大小单生或聚生的瘤状物（图4-22）。

（二）发生规律

病菌以休眠孢子囊球在种薯内或随病残物遗落土壤中越冬，病薯和病土成为翌年的初侵染源。病害的远距离传播靠种薯的调运，田间近距离的传播则靠病土、病肥、灌溉水等。休眠孢子囊在土中可存活4～5年，当条件适宜时，萌发产生游动孢子，游动孢子静止后成为变形体，从根毛、皮孔或伤口侵入寄主，变形体在寄主细胞内发育，分裂为多核的原生质团，到生长后期，原生质团又分化为单核的休眠孢子囊，并集结为海绵状的休眠孢子囊球，充满寄主细胞内。病组织崩解后，休眠孢子囊球又落入土中越冬或越夏。土壤湿度90%左右，土温

18～20℃适于病菌的发育，因而发病也重。一般雨量多、夏季较凉爽的年份易发病。在马铃薯结薯期间阴雨连绵，土壤湿度大，最易发病。

（三）防治措施

（1）选用无病种薯，把好收获、贮藏、播种关，剔除病薯，必要时可用50％烯酰吗啉可湿性粉剂，或用70％代森锌可湿性粉剂，或用2％盐酸溶液，或用40％福尔马林200倍液浸种5min，或用40％福尔马林200倍液将种薯浸湿，再用塑料布盖严闷2h，晾干播种。或在播种穴中施用适量的豆饼对粉痂病有较好的防治效果。

（2）实行轮作，发生粉痂病的地块5年后才能种植马铃薯。

（3）履行检疫制度，严禁从疫区调种。

（4）增施基肥或磷钾肥，多施石灰或草木灰，改变土壤pH值。加强田间管理，采用起垄栽培，避免大水漫灌，防止病菌传播蔓延。

（5）药剂防治，见疮痂病。

十一、干腐病

马铃薯干腐病为真菌性病害，是马铃薯贮藏期的重要病害，发生普遍，损失10％～20％，严重时达30％以上，主要在贮藏期间为害，也可在播种块茎时侵染。

（一）症状识别

受害块茎发病初期仅局部变褐稍凹陷，扩大后病部出现很多褶皱，呈同心轮纹状，其上有时长出灰白色的绒状颗粒，剖开病薯可见空心，空腔内长满菌丝，薯内则变为深褐色或灰褐色，终致整个块茎僵缩成干腐状，不能食用（图4-23、图4-24）。

图4-23　局部变褐稍凹陷

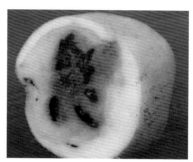

图4-24　薯内变褐色

（二）发生规律

干腐病病菌主要在土壤中越冬，通常在土壤中可存活几年。在种薯表面繁殖存活的病菌可成为主要的侵染来源，条件适宜时，病菌经伤口或芽眼侵入，又经操作或贮存薯块的容器及工具污染传播、扩大为害，被侵染的种薯和芽块腐烂，又可污染土壤，以后又附在被收获的块茎上或在土壤中越冬。病害在5~30℃范围内均可发生。以15~20℃为适宜，较低的温度，加上高的相对湿度，不利于伤口愈合，会使病害迅速发展。在块茎收获时通常干腐病表现为耐病，但贮藏期间感病性提高，早春种植时达到高峰，播种时土壤过湿易于发病，收获期间造成伤口多则易受侵染，不同马铃薯品种间存在抗性差异。干腐病发生特点：病原在5~30℃条件下均能生长，贮藏条件差，通风不良利于发病。

（三）防治措施

生长后期注意排水，收获时避免伤口，收获后充分晾干再入库，严防碰伤。贮藏期间保持通风干燥，避免雨淋，温度以1~4℃为宜，发现病烂块茎随时清除。

十二、软腐病

马铃薯软腐病主要在生长后期、贮藏期对薯块为害严重，主要为害叶、茎及块茎。

（一）症状识别

受害块茎初期在表皮上显现水浸状小斑点，以后迅速扩大，并向内部扩展，呈现多水的软腐状，腐烂组织变褐色至深咖啡色，组织内的菌丝体开始白色，后期变为暗褐色。湿度大时，病薯表面形成浓密、浅灰色的絮状菌丝体，以后变灰黑色，间杂很多黑色小球状物（孢子囊）。后期腐烂组织形成隐约的环状，湿度较小时，可形成干腐状。块茎染病多从皮层伤口引起，开始水浸状，以后薯块组织崩解，发出恶臭。在30℃以上时往往溢出多泡状黏稠液，腐烂中若温、湿度不适宜则病斑干燥，扩展缓慢或停止，在有的品种上病斑外围常有一变褐环带（图4-25、图4-26）。

图4-25　受害块茎初期

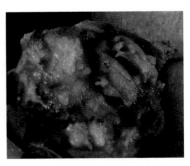
图4-26　腐烂状

（二）发生规律

病原在病残体上或土壤中越冬，经伤口或自然裂口侵入，借雨水飞溅或昆虫传播蔓延。病原细菌潜伏在薯块的皮孔内及表皮上，遇高温、高湿、缺氧，尤其是薯块表面有薄膜水。薯块伤口愈合受阻，病原细菌即大量繁殖，在薯块薄壁细胞间隙中扩展，同时分泌果胶酶降解细胞中胶层，引起软腐，腐烂组织在冷凝水传播下侵染其他薯块，导致成堆腐烂。在土壤、病残体及其他寄主上越冬的软腐细菌在种薯发芽及植株生长过程中可经伤口、幼根等处侵入薯块或植株。

（三）防治措施

收获时避免造成机械伤口，入库前剔除伤、病薯，用0.05%硫酸酮液剂或0.2%漂白粉液洗涤或浸泡薯块可以杀灭潜伏在皮孔及表皮的病菌。贮藏中早期温度控制在13～15℃，经2周促进伤口愈合，以后在5～10℃通风条件下贮藏。

第二节　马铃薯虫害

一、蚜虫

蚜虫是马铃薯苗期和生长期的主要害虫，不仅吸取汁液为害植株，还是重要的病毒传播者。

（一）症状识别

在马铃薯生长期蚜虫常群集在嫩叶的背面吸取汁液，造成叶片变形、皱缩，使顶部幼芽和分枝生长受到严重影响。繁殖速度快，在东北和京津地区每年可发生10～20代。幼嫩的叶片和花蕾都是蚜虫密集为害的部位。而且桃蚜还是传播病毒的主要害虫，对种薯生产常造成威胁（图4-27）。

图4-27　蚜虫

（二）发生规律

有翅蚜一般在4—5月迁飞，温度25℃左右时发育最快，温度高于30℃或低于6℃时，蚜虫数量都会减少。桃蚜一般在秋末时，有翅蚜又飞回第一寄主桃树上产卵，并以卵越冬。春季卵孵化后再以有翅蚜迁飞至第二寄主为害。

（三）防治措施

（1）生产种薯采取高海拔冷凉地区作基地，或风大蚜虫不易降落的地点种植马铃薯，以防蚜虫传毒。或根据有翅蚜迁飞规律，采取种薯早收，躲过蚜虫高峰期，以保种薯质量。

（2）药剂防治。发生初期用50%抗蚜威可湿性粉剂2 000～3 000倍液，或用0.3%苦参素杀虫剂1 000倍液，或用烟碱楝素乳油1 000倍液，或用10%吡虫啉可湿性粉剂2 000倍液，或用2.5%溴氰菊酯乳油2 000～3 000倍液，或用20%氰戊菊酯乳油3 000～5 000倍液，或用10%高效氯氰菊酯乳油2 000～4 000倍液，或用3%啶虫脒乳油800倍液，或用乙酰甲胺磷2 000倍液等药剂交替喷雾，效果较好。

二、块茎蛾

属鳞翅目麦蛾科，寄主为马铃薯、茄子、番茄、青椒等茄科蔬菜及烟草等。

（一）症状识别

主要以幼虫为害马铃薯。在长江以南的云南、贵州、四川等省种植马铃薯和烟草的地区，块茎蛾为害严重。在湖南、湖北、安徽、甘肃、陕西等省也有块茎蛾的为害。幼虫潜入叶内，沿叶脉蛀食叶肉，余留上下表

图4-28 蛀食叶肉的块茎蛾

皮，呈半透明状，严重时嫩茎、叶芽也被害枯死，幼苗可全株死亡。田间或贮藏期可钻蛀马铃薯块茎，呈蜂窝状甚至全部蛀空，外表皱缩，并引起腐烂。在块茎贮藏期间为害最重，受害轻的产量损失10%～20%，重的可达70%左右（图4-28）。

（二）发生规律

以幼虫或蛹在贮藏的薯块内，或在田间残留母薯内，或在茄子、烟草等茎茬内及枯枝落叶上越冬。成虫白天潜伏于植株丛间、杂草间或土缝里，晚间出来活动，但飞翔力很弱。在植株茎上、叶背和块茎上产卵，一般芽眼处卵最多，每个雌蛾可产卵80粒。夏季约30天、冬季约50天1代，每年可繁殖5～6代。

（三）防治措施

（1）选用无虫种薯，避免马铃薯与烟草等作物长期连作。禁止从病区调运种薯，防止扩大传播。

（2）块茎在收获后马上运回。不使块茎在田间过夜，防止成虫在块茎上产卵。

（3）清洁田园，结合中耕培土，避免薯块外露招引成虫

产卵为害。集中焚烧田间植株和地边杂草，以及种植的烟草。

（4）清理贮藏窖、库。

（5）药剂防治。用二硫化碳按27g/m³库容密闭熏蒸马铃薯贮藏库4h。用药量可根据库容大小而增减，或用16 000 IU/mg苏云金杆菌粉剂1kg拌种1 000kg块茎。在成虫盛发期喷药，用4.5%高效氯氰菊酯乳油1 000～1 500倍液，或24%灭多威水剂800倍液喷雾防治。

三、马铃薯甲虫

马铃薯甲虫是马铃薯生产上的一种毁灭性害虫，是我国对外检疫对象，原产北美，后传入欧洲，主要为害马铃薯，也可为害番茄、茄子、辣椒、烟草等作物。

（一）症状识别

以成虫和幼虫啃食马铃薯叶片和嫩尖，被害叶片出现大小不等的孔洞或仅剩主脉，严重时可以在短时间内把马铃薯叶片全部吃光，尤其在马铃薯茎块膨大期，对产量影响大（图4-29）。

图4-29　马铃薯甲虫在叶片上

（二）发生规律

该虫适应能力强，在美国1年发生2代，在欧洲1年1～3代，以成虫在土深7.6～12.7cm处越冬，翌年土温15℃时，成虫出土活动，发育适温25～33℃，经补充营养后飞翔交尾，印块产于叶背，每卵块有20～60粒卵，产卵期2个月，每个雌虫产卵约为400粒。卵期5～7天，初孵幼虫即取食叶片，幼虫期15～35天，4龄幼虫食量占全生育期的77%，老熟幼虫入土化蛹，蛹期7～10天，羽化成成虫后继续取食马铃薯叶片。

（三）防治措施

（1）植物检疫。加强植物检疫，严防人为传入，对新传入的区域要及早铲除。

（2）农业防治。在疫情发生区，马铃薯与非寄主作物如小麦、玉米、葱、蒜等作物实行多年轮作，或种植早熟品种，对控制该虫密度具有明显作用。

（3）生物防治。推荐使用苏云金杆菌制剂600倍液。

（4）化学防治。根据马铃薯甲虫低龄幼虫聚集为害的特点，药剂防治应在幼虫1～2龄进行。可选用2.5%高效氯氰菊酯乳油1 000倍液，或2.5%多杀霉素悬浮剂1 000～1 500倍液，或2.5%溴氰菊酯乳油5 000倍液，每7天喷施1次，连喷2～3次。注意交错用药，以免产生抗药性。

四、茎线虫

（一）症状识别

马铃薯茎线虫病主要为害块茎。表皮现褐色龟裂，有的外部症状不明显，内部出现点状空隙或呈糠心状，薯块重量减轻（图4-30）。

图4-30　为害症状

（二）发生规律

茎线虫可以终年繁殖，在马铃薯整个生长期及贮藏期不断为害。

主要通过种薯、土壤、粪肥及秧苗传播。从薯块附着点侵入，沿髓或皮层向上活动，营寄生生活。带有茎线虫的薯块栽到大田后，茎线虫随着传入土中，但主要留在薯内活动，到结新薯块后钻入。即使栽植无病秧苗，土壤中的线虫可在栽植后12h侵入幼苗，从苗的末端自根或所形成的小薯块表皮上自然孔口或伤口直接以吻针刺孔侵入，致细胞空瘪或馅仅留细胞壁及纤维组织，薯块呈干腐糠心状。

该线虫在2~30℃均可活动，高于7℃即产卵和孵化，25~30℃最适。对低温忍耐力强，-25℃经7h致死，高于35℃则不活动，在薯苗表层用48~49℃温水浸10min即死。干燥条件下活1年，在田间土壤中存活3~5年。

（三）防治措施

（1）对种薯进行检疫，选用抗病品种。

（2）施用净腐熟粪肥，采用配方施肥技术，收获后及时清除病残体，以减少菌源。

（3）不要用病薯及其制成的薯干、病秧做饲料，防止茎线虫通过牲畜消化道进入粪肥传播。

（4）进行轮作换茬，提倡与烟草、水稻、棉花、高粱等作物轮作。

（5）建立无病留种田，选用无病种薯。

（6）药剂防治，播种时进行土壤消毒。

可用10%苯线磷颗粒剂，每亩穴施5kg，或选用50%辛硫磷乳油1 500倍液，或90%敌百虫晶体800倍液，每株用药液0.25~0.5kg进行田间灌根。

五、潜叶蝇

（一）症状识别

潜叶蝇俗称夹板虫、地图虫等，是潜蝇科昆虫的总称。我国有潜蝇147种，斑潜蝇16种，绝大多数具有高度的寄主专化性，以植潜蝇亚科的多食性种类为害最甚。

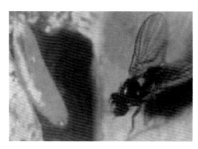

图4-31　美洲斑潜蝇幼虫和成虫

在我国蔬菜上主要有美洲斑潜蝇（图4-31）、南美斑潜蝇、番茄斑潜蝇和豌豆彩潜蝇4种潜叶蝇，其中前3种斑潜蝇是1994年以后从国外陆续传入我国并在蔬菜上发生为害的。开始传入时以美洲斑潜蝇为主要为害蔓延种，2～3年以后南美斑潜蝇种群迅速增殖，逐渐与美洲斑潜蝇成为主要交替为害种，番茄斑潜蝇属于阶段性为害种。豌豆彩潜蝇是我国的自然种，属于常年在十字花科蔬菜上的为害种。

潜叶蝇能侵害许多作物。在过度使用杀虫剂毁灭了它们天敌的地区，潜叶蝇是一种严重的马铃薯害虫。这种蝇体形小，主要以幼虫在植物叶片或叶柄内取食，形成的线状或弯曲盘绕的不规则虫道影响植物光合作用，从而造成经济损失。其具有舐吸式口器类型，以幼虫为害植物叶片，幼虫往往钻入叶片组织中，潜食叶肉组织，造成叶片呈现不规则白色条斑，使叶片逐渐枯黄，造成叶片内叶绿素分解，叶片中糖分降低，为害严重时被害植株叶黄脱落，甚至死苗（图4-32）。

（二）发生规律

潜叶蝇1年中发生的世代是重叠的。潜叶蝇各代所经过日期的长短和气温有关。第2代繁殖期间，平均气温为20.4℃，

需要41.9天；第3代繁殖期间，平均气温为23.9℃时，需要26.2
天。潜叶蝇在不同地区或同一地区不同年份，各代出现的时期
和1年中发生的世代数有差异。成虫在叶尖的嫩叶上产卵。卵
经10天左右孵化成幼虫，幼虫咬破卵壳后，立即咬破寄主的叶
表面，钻入叶组织内咬食叶肉。很少有在叶面爬行以后再咬破
叶表皮钻入叶组织内的。一般每叶寄生幼虫1～9头。幼虫有转
移为害的情况，既在幼虫生活期间，常由原来侵入的叶组织脱
出，钻入另外的健全叶内。幼虫老熟后，多从叶部向基部转移
化蛹。蛹期长短也和温度有关，平均日数在7～14天。各代成
虫寿命长短也有差异，第1代较长，平均为19天，第2代平均16
天，第3代7天。成虫对糖蜜有趋性。

图4-32　潜叶蝇为害症状

（三）防治措施

1. 农业防治

潜叶蝇有较多的自然天敌，应保护天敌。成虫可以用黏

性黄色诱捕物诱捕。必须防治植株开花前受到近1/3的为害。

2. 药剂防治

如果需要，应当使用对成虫特别有效的药剂。目前市场上出售的20%阿维·杀虫单微乳剂是一种很有效的药剂，药剂稀释倍数1 000～2 000倍，每亩用量25～60g。施药时间最好在清晨或傍晚，忌在晴天中午施药。施药间隔5～7天，连续用药3～5次。

六、蛴螬

蛴螬属于鞘翅目，金龟子的幼虫，为害多种农作物。

（一）症状识别

蛴螬为金龟子的幼虫。金龟子种类较多，各地均有发生。幼虫在地下为害马铃薯的根和块茎。其幼虫可把马铃薯的根部咬食成乱麻状，把幼嫩块茎吃掉大半，在老块茎上咬食成孔洞，严重时造成田间死苗（图4-33）。

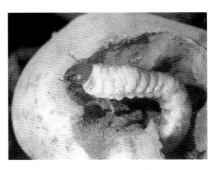

图4-33　为害幼嫩块茎

（二）发生规律

金龟子种类不同，虫体也大小不等，但幼虫均为圆筒形，体白、头红褐或黄褐色、尾灰色。虫体常弯曲成马蹄形。成虫产卵于土中，每次产卵20～30粒，多的100粒左右，9～30天孵化成幼虫。幼虫冬季潜入深层土中越冬，在10cm深的土壤温度5℃左右时，上升活动，土温在13～18℃时为蛴螬活动高峰期。土温高达23℃时即向土层深处活动，低于5℃时转入土下越冬。金龟子完成1代需要1～2年，幼虫期有的长达400天。

（三）防治措施

（1）施用农家肥料时要经高温发酵，使肥料充分腐熟。以便杀死幼虫和虫卵。

（2）毒土防治。每亩用50%辛硫磷乳剂400～500g，或用3%辛硫磷颗粒1.5～2kg，拌细土50kg。于播前施入犁沟内或播种覆土。或每亩用80%的敌百虫可湿性粉剂500g加水稀释，而后拌入35kg细土配制成毒土，在播种时施入穴内或沟中。

（3）毒饵诱杀。用0.38%苦参碱乳油500倍液，或用50%辛硫磷乳油1 000倍液，或用80%的敌百虫可湿性粉剂，用少量水溶化后和炒熟的棉籽饼或菜籽饼拌匀，于傍晚撒在幼苗根的附近地面上诱杀。

（4）在成虫盛发期，对害虫集中的作物或树上，喷施50%辛硫磷乳剂1 000倍液，或用90%敌百虫可溶粉剂1 000倍液，或用2.5%溴氰菊酯乳油3 000倍液，或用30%乙酰甲胺磷乳油500倍液，或用20%氰戊菊酯乳油3 000倍液防治。

第五章　绿叶蔬菜病虫害诊断与防治

第一节　绿叶蔬菜病害

一、白粉病

（一）症状识别

该病主要为害菜薹、菜心、芥菜、甘蓝、花菜等。主要为害叶片、茎、花器等，产生白粉状霉层，即分生孢子梗和分生孢子。初为近圆形放射状粉斑，后布满各部，发病轻的病变不明显；发病重的造成叶片褪绿黄化早枯。随病情发展，叶两面布满病斑，至叶片逐渐褪绿黄化，最后萎蔫枯死。除为害白菜类外，还为害甘蓝类、芥菜类（图5-1、图5-2）。

图5-1　白菜叶白粉病　　　　图5-2　结球莴苣叶白粉病

（二）发生规律

北方主要以闭囊壳随病残体越冬，成为翌年初侵染源。

分生孢子借气流传播，孢子萌发后产出侵染丝直接侵入寄主表皮，菌丝体匍匐于寄主叶面不断伸长蔓延，迅速流行。南方全年种植十字花科蔬菜地区，则以菌丝或分生孢子在十字花科蔬菜上辗转为害。一般干旱少雨年份或棚内温暖干燥，植株生长衰弱，或偏施氮肥的地块发病重。

（三）防治措施

（1）收获后，彻底清除病残落叶，集中妥善处理，减少菌源。

（2）施足有机底肥，适当增加磷、钾肥，生长期加强田间水肥管理，增强植株的抗病力。

（3）发病初期进行药剂防治，喷洒15%三唑酮可湿性粉剂或20%三唑酮乳油2 000～2 500倍液、30%固体石硫合剂150倍液、40%多·硫悬浮剂600倍液、2%嘧啶核苷类抗菌素水剂或2%武夷菌素（BO-10）水剂150～200倍液，隔7～10天1次，防治1次或2次。

二、轮纹病

（一）症状识别

苗期、成株期均可发病，多发生在夏秋露地或棚室。初发病时叶上现褐色小点，多呈水渍状，四周组织稍褪绿，有的变黄，后逐渐扩展成不规则形或近椭圆形褐斑，上生同心轮纹，四周具黄晕，后期病斑上长出黑色小粒点，即病原菌的分生孢子器（图5-3、图5-4）。

（二）发生规律

病菌以分生孢子器随病残体留在土壤中越冬，种子也可带菌。条件适宜时从分生孢子器中释放出分生孢子，通过风雨或灌溉水传播，从气孔或伤口侵入，进行初侵染和多次再侵染，均温18～25℃，相对湿气高于85%易发病。生产上施氮肥过多、栽植过密、湿气滞留发病重。

图5-3　生菜轮纹病　　　　　　图5-4　莴笋轮纹病

（三）防治措施

（1）实行2～3年轮作。收获后清洁田园以减少菌源。

（2）播种前种子用52℃温水浸种20min或用种子重量0.3%的50%异菌脲或70%甲基硫菌灵可湿性粉剂拌种。

（3）采用配方施肥技术，注意增施磷钾肥。合理密植，雨后及时排水，防止湿气滞留。

（4）发病初期喷洒3%中生菌素可湿性粉剂1 000倍液或25%戊唑醇可湿性粉剂2 000倍液、70%代森联水分散粒剂600倍液、50%异菌脲可湿性粉剂800倍液。

三、病毒病

（一）症状识别

该病主要为害莴苣、生菜等多种蔬菜。在全生育期均可发生，前期发病对产量影响较大。苗期发病，多在长出4片真叶后显症。在叶上出现浅绿或黄白色花叶或斑驳,叶片皱缩歪扭。有时还出现明脉,严重时出现不规则灰色至褐色坏死病斑。成株发病,植株明显矮化,叶片不规则扭卷,严重时细脉变褐,叶面出现许多褐色坏死斑点,植株似缺水状,结球松散或不结球(图5-5至图5-8)。

图5-5　叶菜苗期为害状

图5-6　茼蒿叶片为害状

图5-7　黄绿相间的叶片

图5-8　白菜褐色坏死斑

（二）发生规律

此病毒源主要来自邻近田间带毒的莴苣、菠菜等,种子也可直接带毒。种子带毒,苗期即可发病,田间主要通过蚜虫传播,汁液接触摩擦也可传染。桃蚜传毒率最高,萝卜蚜、瓜蚜、大戟长管蚜也可传毒。病害发生和发展与天气直接相关，高温干旱病害较重，一般平均气温18℃以上和长时间缺水，病害发展迅速，病情也较重。

（三）防治措施

（1）选用抗病耐热品种，一般散叶型品种较结球品种抗病。

（2）夏秋种植，采用遮阳网或无纺布覆盖栽培技术。露地种植采用与甜玉米或菜豆间作，改善田间小气候，预防发病。注意适期播种，出苗后勤浇小水，勿过分蹲苗。

（3）及时防治蚜虫，减少传播，控制病害发生。发病初期可喷洒20%吗啉胍·乙铜可湿性粉剂500倍液，或1.5%硫酮·烷基·烷醇乳剂1 000倍液，或喷施复合叶面肥，抑制发病，增强寄主抗病力。

四、缩叶病

（一）症状识别

全生育期均可发病。幼株发病对生产影响大，主要发生在幼株上，初幼嫩叶片、叶柄、茎蔓上产生不定形的小斑点，后扩展成大小不一的坏死斑，黄褐色或红褐色，后期在病斑表面产生灰白色粉霉物，即病原菌的分生孢子梗和分生孢子。发病严重的幼芽扭曲，嫩蔓黄萎，叶片卷曲（图5-9）。

图5-9　长寿菜缩叶病

（二）发生规律

在田间，病菌先侵染侧根，再侵染到肉质根。土壤偏碱发病重。

（三）防治措施

（1）进行4～6年轮作。多施绿肥或生物有机肥，施入土壤添加剂SH有抑制发病的作用。

（2）选用抗病品种。

（3）严格控制病菌，防止传入未发病田，在pH值5～5.2病害受抑制，向土壤中施入硫化物可减少发病。

五、叶枯病

（一）症状识别

叶枯病又称斑枯病、晚疫病，症状包括两种。一种是老叶先发病，后传染到新叶上。叶上病斑多散生，大小不等，直径0.3～1cm，初为淡褐色油渍状小斑点，后逐渐扩大，中部呈褐色坏死，中间散生少量小黑点。另一种开始不易与前者区别，后中央呈黄白色或灰白色，边缘聚生很多黑色小粒点，病斑外常具一圈黄色晕环，病斑直径不等。叶柄或茎部染病，病斑褐色，长圆形稍凹陷，中部散生黑色小点（图5-10至图5-13）。

（二）发生规律

该病为芹菜壳针孢属病菌侵染引起的真菌性病害。菌丝体在种皮内或病残体上越冬。播种带菌种子，出苗后即染病，产出分生孢子在育苗畦内传播蔓延。病残体上越冬的病原菌，在适宜的温湿度条件下，借风雨传播。孢子经气孔或穿透表皮侵入，经8天潜育，病部又产出分生孢子进行再侵染。

在冷凉和高湿条件下易发生，气温20～25℃，湿度大时发病重。连阴雨或白天干燥，夜间有雾或露水及温度过高过低，植株衰弱时发病重。

图5-10 芹菜叶枯病初期症状

图5-11 芹菜叶枯病中期症状

图5-12 芹菜叶枯病后期症状

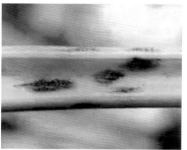

图5-13 芹菜叶枯病叶柄症状

（三）防治措施

（1）选用无病种子，对种子进行消毒，用50℃温水浸10～15min，边浸边搅拌，然后移入冷水中冷却。

（2）保护地栽培要注意降温排湿，昼温控制在15～20℃，高于20℃要及时放风，夜温控制在10～15℃，缩小昼夜温差，减少结露，切忌大水漫灌。

六、软腐病

（一）症状识别

该病主要为害白菜、甘蓝、花椰菜等十字花科蔬菜以及莴苣、芹菜、葱、蒜等蔬菜。该病在结球甘蓝莲座期到包心期均易发病，尤以包心期发病较重。初发病时病株在烈日下表现萎蔫，早晚恢复。随着病情发展，病株整株萎蔫，早晚不能恢复并脱帮，叶球外露，稍摇动即全株倒地。病部由叶基向根茎发展，使茎部腐烂。腐烂的组织呈黏滑软腐状。有的发生心腐，从茎基部向上发生腐烂。在干燥的条件下，腐烂的病叶经日晒逐渐失水变干，呈薄纸状，紧贴叶球。腐烂处均产生硫化氢恶臭味，为本病重要特征，别于黑腐病（图5-14至图5-17）。

图5-14 茎基部向上发生腐烂

图5-15 菜心腐烂

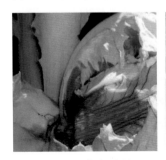

图5-16 根部溃烂

图5-17 腐烂的病叶变干

（二）发生规律

病菌主要在病株或土壤堆肥中的病残体上越冬。通过雨水、灌溉水、带菌肥料、昆虫传播，由自然裂口和虫伤口等侵入，重复侵染。病菌生长发育温度为2～40℃，最适温度为25～30℃，致死温度为50℃。生长后期高温多雨、病虫及人为造成的伤口多或花球内长时间积水，病害发生较重。地势低洼、积水、管理粗放，或前茬作物残体未彻底清除就整地种植，病害发生严重。

（三）防治措施

（1）高畦栽培，畦面成龟背形，避免积水。

（2）加强肥水管理，注意放用充分腐熟的粪肥作基肥，如天气比较干燥则用清水肥浇灌，浇灌时只灌畦面不接触心叶，忌大水漫灌，只能小水开沟浸灌。

（3）间种葱蒜韭茶等作物。

（4）彻底防治传病害虫，特别是加强对菜蛾、菜白蝶、黄条跳甲的防治，治虫工作做得好的菜区，病害少。

（5）药剂预防用50%代森铵可湿性粉剂1 000倍液，每亩喷60～75kg药液，隔7～10天喷1次，共喷2～3次，可兼治霜霉病，黑腐病等，但必须在收获前150天使用，以免影响人体健康。用农用链霉素100～200个单位喷雾每亩每次用药液75～100kg。灌根每窝250g。用70%敌磺钠原粉500倍液，浇根每窝250g，均有良效。

七、立枯病

（一）症状识别

该病为幼苗病害，主要为害叶菜类、番茄、茄子、辣

椒、黄瓜、豆类等多种蔬菜幼苗。立枯病多发生在育苗的
中、后期，刚出土的幼苗亦可发病。受害幼苗基部产生椭圆形
暗褐色病斑，并有轮纹，病苗茎基变褐，后病部收缩细缢，茎
叶萎垂枯死。湿度大时可看到淡褐色蛛丝状霉，但不显著。稍
大的幼苗白天萎蔫，夜间恢复，病斑逐渐凹陷，病斑逐渐扩大
后可绕茎一周，甚至木质部外露，最后病部收缩干枯，叶片萎
蔫，不能恢复原状，幼苗干枯死亡，但不呈猝倒状。病部不长
白色棉絮状霉（图5-18至图5-21）。

图5-18　幼苗基部褐色病斑

图5-19　幼苗干枯死亡

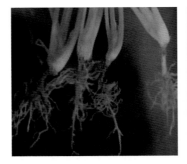

图5-20　西芹立枯病根部症状

图5-21　西瓜立枯病症状

（二）发生规律

立枯病菌以菌丝体或菌核在土壤中或病组织上越冬，腐

生性较强，一般在土壤中可存活2~3年。在适宜的环境条件下，病菌从伤口或表皮直接侵入幼茎、根部而引起发病。此外还可通过雨水、流水、农具以及带菌的堆肥传播为害。

（三）防治措施

（1）选择地势高、干燥的地块育苗。

（2）30%噁霉灵水剂2 000~2 500倍液苗床喷雾，或用35%甲霜·福美双可湿性粉剂150~200g/亩拌苗床土。发病时，选用30%甲霜·噁霉灵水剂500~800倍液喷雾。

八、白斑病

（一）症状识别

该病主要为害大白菜、甘蓝、花椰菜、萝卜等多种蔬菜。发病初期在叶片上散生灰白色圆形病斑，后扩大成浅灰色圆形至近圆形斑，病斑周缘有时有晕环。叶背病斑周缘多不明显，随病情发展病斑两面呈现不明显轮纹。空气潮湿时，病斑背面产生灰白色绒状霉层，即病菌的分生孢子梗和分生孢子。病情严重时，多个病斑连接成片，终致叶片枯死，病斑一般不穿孔。叶柄染病，多形成近椭圆形斑，灰白至灰褐色，边缘模糊，呈放射状，病斑表面色泽不均，凹凸不平，湿度大时病部呈水渍状坏死腐烂（图5-22至图5-25）。

（二）发生规律

病菌主要以菌丝随病残体组织越冬。翌年条件适宜时产生分生孢子通过浇水或降雨飞溅形成初侵染，发病后产生分生孢子借风雨传播进行多次再侵染。病菌对温度要求不严格，5~28℃下均可发病，以11~23℃较适宜。旬均温23℃左右，相对湿度高于62%，降水量达16mm以上，雨后12～16天即开始发病。生长期低温多雨或在梅雨季后，发病普遍。此外，一般土壤黏重、地势低洼、种植期正逢雨季或与十字花科蔬菜连作，发病严重。

图5-22 白菜白斑病叶片

图5-23 白菜白斑病植株

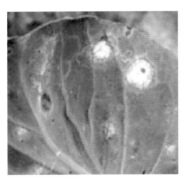

图5-24 菜薹白斑病

图5-25 上海青白斑病

（三）防治措施

（1）平整土地，重病区实行与非白菜类蔬菜2～3年轮作。

（2）避开雨季适期栽种，增施底肥，生长期加强管理，避免田间积水。

（3）发病初期进行药剂防治，可选用50％敌菌灵可湿性粉剂400～500倍液，或50％多菌灵可湿性粉剂600～800倍液，或40％氟硅唑乳油6 000～8 000倍液，或70％甲基硫菌灵可湿性粉剂500～600倍液，或80％代森锰锌可湿性粉剂500～600倍液，或40％多·硫悬浮剂500～600倍液，或2％春雷霉素水剂600～800倍液喷雾，10～15天防治1次，根据病情防治1～3次。

九、黑斑病

（一）症状识别

可为害白菜、甘蓝、花菜、芥菜、萝卜等。主要为害叶片和叶柄。叶片染病，多从外叶开始，初生近圆形褪绿斑，后渐扩大成灰褐色圆斑，有明显的同心轮纹，病斑周围有时有黄色晕环。在高温高湿条件下病部穿孔，发病严重时，病斑汇合成大的斑块，致半叶或整叶枯死，病斑上着生黑色霉状物。茎和叶柄上病斑呈纵条形，其上产生黑色霉状物（图5-26、图5-27）。

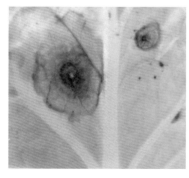 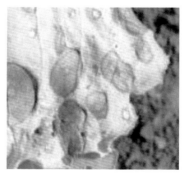

图5-26　白菜叶黑斑病症状　　　图5-27　生菜叶黑斑病症状

（二）发生规律

病菌主要以菌丝体及分生孢子在病残体上、土壤中、采种株上以及种子表面越冬，翌年产生孢子从气孔或直接穿透表皮侵入。南方以分生孢子在十字花科蔬菜上辗转侵害，周年均可发生，无明显越冬期。分生孢子借风雨传播，萌发产生芽管，从寄主气孔或表皮直接侵入。环境条件适宜时，病斑上能产生大量的分生孢子进行重复侵染，扩大蔓延为害。发病适宜温度11.8～19.2℃，相对湿度72%～85%，多雨高湿及温度偏低发病早而重。

（三）防治措施

（1）选用适合的抗病品种；与非十字花科蔬菜轮作2～3年；施足基肥，增施磷、钾肥，提高菜株抗病力。

（2）在发病前或发病初期，每亩可选用68.75%噁酮·锰锌水分散粒剂45～75g，或10%苯醚甲环唑水分散粒剂35～50g，或43%戊唑醇悬浮剂15～18ml，或2%嘧啶核苷类抗菌素水剂200倍液，均匀喷雾，隔7～10天防治1次，连续防治2～3次。

十、根肿病

（一）症状识别

该病主要为害白菜、菜薹、甘蓝、花菜等。只为害植株根部，幼苗或成株期均可受害。病株根部肿大呈瘤状，其形状大小受着生部位影响较大，主根上的瘤多靠近上部，球形或近球形，侧根上的瘤多呈圆筒形，手指状；须根上的瘤数目可多达20余个，并串生在一起。病株生长迟缓，叶色变淡，在晴天中午凋萎下垂，早晚恢复，后期外叶发黄枯萎，有时全株枯死。

发病后期，病瘤龟裂、粗糙，易被软腐细菌等侵染，造成组织腐烂或崩溃，散发臭气，致整株死亡（图5-28至图5-31）。

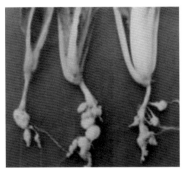

图5-28 白菜苗期根肿病

图5-29 白菜成熟期根肿病

图5-30 甘蓝根肿病

图5-31 油菜根肿病

（二）发生规律

病菌以休眠孢子囊在土壤中或黏附在种子上越冬，并可在土中存活10～15年。孢子囊借雨、灌溉水、害虫及农事操作等传播，萌发产生游动孢子侵入寄主，10天左右根部长出肿瘤。病菌在9～30℃均可发育，适温为23℃。适宜相对湿度50%～98%。适宜pH值为6.2，pH值7.2以上发病少。一般低洼及水改旱田后或氧化钙（CaO）不足发病重。

（三）防治措施

（1）与非十字花科蔬菜实行3年以上轮作，避免在低洼积水地或酸性土壤中种植白菜；采用无病土育苗或播前用福尔马林消毒苗床；改良定植田的土壤，结合整地在酸性土壤中每亩施消石灰60～100kg，进行表土浅翻，定植前在畦面或定植穴内浇2%石灰水，减少根肿病发生，或发病初期用15%石灰乳灌根，每株0.3～0.5L，也可以减轻为害。加强栽培管理，在白菜生长期适时浇水追肥，中耕除草，提高植株抗病能力。

（2）在发病初期拔除病株，在病穴四周撒石灰，或用50%氟啶胺悬浮剂267～333ml/亩，对水60～100L均匀喷雾于土壤表面。

第二节　绿叶蔬菜虫害

一、小菜蛾

（一）症状识别

小菜蛾属鳞翅目菜蛾科，主要为害甘蓝、紫甘蓝、青花菜、薹菜、芥菜、花椰菜、白菜、油菜、萝卜等十字花科植物。以幼虫啃食蔬菜叶片，初龄幼虫仅取食叶肉，留下表皮，在菜叶上形成一个个透明的斑，俗称"开天窗"；3～4龄幼虫可将菜叶食成孔洞和缺刻，严重时全叶被吃成网状，重则仅剩叶脉，影响植株生长发育和包心，造成减产。虫粪污染花菜球茎，降低商品价值。在苗期常集中心叶为害，影响包心。在留种株上，为害嫩茎、幼荚和籽粒。为害白菜时，可导致软腐病的发生（图5-32至图5-35）。

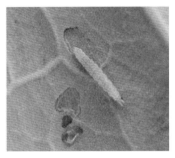

图5-32　小菜蛾幼虫

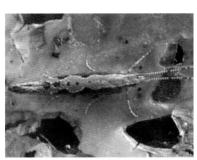

图5-33　小菜蛾成虫

图5-34　荠菜为害状

图5-35　白菜为害状

（二）发生规律

幼虫很活泼，遇惊扰即扭动、倒退或翻滚落下。幼虫、蛹、成虫各种虫态均可越冬、越夏，无滞育现象。全年发生为害明显呈两次高峰，第一次在5月中旬至6月下旬；第二次在8月下旬至10月下旬（正值十字花科蔬菜大面积栽培季节）。一般年份秋害重于春害。小菜蛾的发育适温为20～30℃，在两个盛发期内完成1代约需20天。

全国各地普遍发生，1年发生4～19代不等。在北方4～5代，长江流域9～14代，华南17代，台湾18～19代。在北方以蛹在残株落叶、杂草丛中越冬；在南方终年可见各虫态，无越冬现象。全年内为害盛期因地区不同而不同，东北、华北地区以5—6月和8—9月为害严重，且春季重于秋季。在新疆则7—8月为害最重。在南方3—6月和8—11月是发生盛期，而且秋季重于春季。成虫昼伏夜出，白天多隐藏在植株丛内，日落后开始活动。有趋光性，以19—23时是扑灯的高峰期。成虫羽化后很快即能交配，交配的雌蛾当晚即产卵。雌虫寿命较长，产卵历期也长，尤其越冬代成虫产卵期可长于下一代幼虫期。因此，世代重叠严重。每头雌虫平均产卵200余粒，多的可达约600粒。卵散产，偶尔3～5粒产在一起。此虫喜干旱条件，潮湿多雨对其发育不利。此外若十字花科蔬菜栽培面积大、连续种植，或管理粗放都有利于此虫发生。在适宜条件下，卵期3～11天，幼虫期12～27天，蛹期8～14天。

（三）防治措施

（1）农业防治。合理布局，尽量避免十字花科蔬菜连作，夏季停种过渡寄主，"拆桥断代"减轻为害。收获后及时清洁田园可减少虫源。

（2）物理防治。采用性诱剂诱杀，每个诱芯含人工合成性诱剂50μg，用铁丝穿吊在诱蛾水盆上方，盆中加入适量洗衣粉，每盆距离100m。也可用高压汞灯诱杀网诱杀成虫。

（3）生物防治。可选用16 000IU/mg苏云金杆菌可湿性粉剂800～1 000倍液喷雾防治。

（4）药剂防治。药剂防治必须掌握在幼虫2～3龄前。该虫极易产生抗性，应该用不同类型的药剂交替使用。可供选择的药剂有100g/L三氟甲吡醚乳油1 500～2 000倍液、2.5%阿

维·氟铃脲乳油2 000～3 000倍液、50g/L氟啶脲乳油1 500～
2 000倍液、50g/L多杀霉素悬浮剂3 000～4 000倍液、0.3%印
棟素乳油800～1 000倍液、25%丁醚脲乳油800～1 000倍液、
5%氯虫苯甲酰胺悬浮剂2 000～3 000倍液、2%甲维·印棟素
2 500～3 000倍液、15%茚虫威乳油3 000～3 500倍液、240g/L
氰氟虫腙悬浮剂1 500～2 000倍液、2%苦参碱水剂2 500～
3 000倍液喷雾。

二、斑潜蝇类

（一）症状识别

为害叶菜类蔬菜的斑潜蝇主要有美洲斑潜蝇和南美斑潜
蝇，寄主植物达130余种，其中，以葫芦科、茄科和豆科植
物受害最重。成虫吸取植株叶片汁液；卵产于植物叶片叶肉
中；初孵幼虫潜食叶肉，主要取食栅栏组织，并形成隧道，
隧道端部略膨大；老龄幼虫咬破隧道的上表皮爬出道外化
蛹。主要随寄主植物的叶片、茎蔓甚至鲜切花的调运而传播
（图5-36至图5-39）。

图5-36　斑潜蝇成虫

图5-37　斑潜蝇幼虫

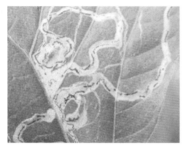

图5-38　斑潜蝇为害状　　　　图5-39　荠菜为害状

（二）发生规律

南方1年可发生14～17代。世代周期随温度变化而变化。15℃时，约54天；20℃时约16天；30℃时约12天。成虫具有趋光、趋绿和趋化性，对黄色趋性更强。有一定的飞翔能力。斑潜蝇都以幼虫和成虫为害叶片，美洲斑潜蝇以幼虫取食叶片正面叶肉，形成先细后宽的蛇形弯曲或蛇形盘绕虫道，其内有交替排列整齐的黑色虫粪，老虫道后期呈棕色的干斑块区，一般1虫1道，1头老熟幼虫1天可潜食3cm左右。南美斑潜蝇的幼虫主要取食背面叶肉，多从主脉基部开始为害，形成弯曲较宽（1.5～2mm）的虫道，虫道沿叶脉伸展，但不受叶脉限制，若干虫道连成一片形成取食斑，后期变枯黄。两种斑潜蝇成虫为害基本相似，在叶片正面取食和产卵，刺伤叶片细胞，形成针尖大小的近圆形刺伤"孔"，造成为害。"孔"初期呈浅绿色，后变白，肉眼可见。幼虫和成虫的为害可导致幼苗全株死亡，造成缺苗断垄；成株受害，可加速叶片脱落，引起果实日灼，造成减产。幼虫和成虫通过取食还可传播病害，特别是传播某些病毒病，降低花卉观赏价值和叶菜类蔬菜食用价值。

（三）防治措施

（1）植物检疫。美洲斑潜蝇在国内分布虽广，但仍存在保护区。美洲斑潜蝇的卵、幼虫能随寄主叶片作远距离传播，因此要加强虫情监测和进行严格的检疫，特别应重视在蔬菜集中产区、南菜北运基地、瓜菜调运集散地、花卉产地等地实施严格检疫，防止该虫蔓延为害。

（2）农业防治。

①摘除虫叶：当虫量极少时，捏杀叶内活动的幼虫，或结合栽培管理，人工摘除呈白纸状的被害叶。化蛹高峰（50%）后1~2天内收集清除叶面及地面上的蛹，集中销毁。

②培育无虫苗：在育苗或定植前，每公顷用硫黄粉22.5kg、锯末90kg，将其混合后，分多处点燃，熏杀棚室内虫源。通风口用20~25目尼龙纱网罩住，并应深翻土壤，埋掉土面上的蛹粒，使之不能羽化。幼苗定植前的苗床要集中施药防虫。

③清洁田园：蔬菜收获后，及时彻底清除棚室内有虫的残枝落叶及田园和周边杂草，并作为高温堆肥的材料或销毁、深埋。

④合理布局：一方面要避免嗜好寄主植物大面积连片种植，扩大非嗜好作物的种植面积；另一方面在非嗜好作物的田边或田间套种几行嗜好作物作为诱虫带，集中防虫。此外还应注意嗜食性寄主与非寄主或劣食性寄主的轮作。如苦瓜、葱、大蒜、萝卜、韭菜、甘蓝、菠菜等。

（3）物理防治。

①低温冷冻：在冬季11月以后到育苗之前，将棚室敞开，或昼夜大通风，使棚室在低温环境中自然冷冻7~10天，可消灭越冬虫源。

②高温闷棚：夏季高温期，在上茬作物收获完后，先不

清除残株，将棚室全部密闭，昼夜闷棚7～10天，棚室内温度在晴天白天可达60℃以上，可杀死大量虫源，之后再清除棚内残株。

③黄板诱杀：利用斑潜蝇的趋黄性，制作20cm×30cm的黄板，涂抹机油或黏虫液，在棚室内每隔2～3m挂一块，保持黄板的悬挂高度始终在作物顶上20～30cm处，并定期涂机油保持黄板黏性。也可用灭蝇纸条诱杀成虫。

（4）生物防治。斑潜蝇天敌达17种，其中以幼虫期寄生蜂效果最佳。此外椿象可取食斑潜蝇的幼虫和卵。因此应适当控制施药次数，选择对天敌无伤害或杀伤性小的药剂，保护寄生蜂的种群数量，这是控制斑潜蝇最经济有效的措施。

（5）药剂防治。

①烟剂熏杀成虫：在棚室虫量发生数量大时，用氰戊菊酯烟剂熏杀，7天左右1次，连续用2～3次。

②叶面喷雾杀幼虫：要掌握好羽化高峰期进行喷药，时间宜在8—11时，在1～2龄幼虫盛发期（即虫道长度在2.2cm以下时），顺着植株从上往下喷，以防成虫逃跑。尤其要注意叶片正面的着药和药液的均匀分布（若是南美斑潜蝇则需对叶片正反两面进行喷雾，而蚜虫、白粉虱则应从下往上喷叶片背面）。每隔7天左右喷药1次，连续喷药2～3次。

三、菜青虫

（一）症状识别

菜青虫是菜粉蝶的幼虫。主要为害十字花科蔬菜，尤以芥蓝、甘蓝、花椰菜等受害比较严重。幼虫咬食寄主叶片，2龄前仅啃食叶肉，留下一层透明表皮，3龄后蚕食叶片成孔洞或缺刻，严重时叶片全部被吃光，只残留粗叶脉和叶柄，造成绝产，易引起白菜软腐病的流行。菜青虫取食时，边取食边排出粪便污染。幼虫共5龄，3龄前多在叶背为害，3龄后转至叶面蚕食，4～5龄幼虫的取食量占整个幼虫期取食量的97%（图5-40、图5-41）。

图5-40　菜青虫幼虫　　　　　图5-41　菜青虫为害状

（二）发生规律

菜青虫在山东每年发生5～6代，越冬代成虫3月出现，以5月下旬至6月为害最重，7—8月因高温多雨，天敌增多，寄主缺乏，而导致虫口数量显著减少，到9月虫口数量回升，形成第二次为害高峰。成虫白天活动，以晴天中午活动最盛，寿命2～5周。产卵对十字花科蔬菜有很强趋性，尤以厚叶类的甘蓝和花椰菜着卵量大，夏季多产于叶片背面，冬季多产在叶片正面。卵散产，幼虫行动迟缓，不活泼，老熟后多爬至高燥不易浸水处化蛹，非越冬代则常在植株底部叶片背面或叶柄处化蛹，并吐丝将蛹体缠结于附着物上。

（三）防治措施

（1）引诱成虫产卵，再集中杀灭幼虫；秋季收获后及时翻耕。十字花科蔬菜收获后，及时清除田间残株老叶，减少菜青虫繁殖场所和消灭部分蛹。

（2）注意天敌的自然控制作用，保护广赤眼蜂、微红绒茧蜂、凤蝶金小蜂等天敌。在绒茧蜂发生盛期用每克含活孢子数100亿个以上的青虫菌，或苏云金杆菌可湿性粉剂800倍液喷雾。1万PIB/mg菜青虫颗粒体病毒+16 000IU/mg苏云金杆菌可湿性粉剂800~1 000倍液、16 000IU/mg苏云金杆菌可湿性粉剂1 000~1 500倍液喷雾防治。

（3）化学防治。一般在产卵盛期后5~7天，即孵化盛期为用药防治的关键时期。又因其发生不整齐，要连续用药2~3次。幼虫3龄以前施药具有较好的防治效果，可选喷下列药剂：10%醚菊酯悬浮剂1 000~1 500倍液、25%灭幼脲悬浮剂2 500~3 000倍液、5%氟啶脲乳油1 000~1 500倍液、2%苦参碱水剂2 500~3 000倍液、1.1%烟·楝·百部碱乳油700~1 000倍液，喷雾防治。

低龄幼虫发生初期，喷洒苏云金杆菌800~1 000倍液或菜粉蝶颗粒体病毒每亩20幼虫单位，对菜青虫有良好的防治效果，喷药时间最好在傍晚。

幼虫发生盛期，可选用20%灭幼脲悬浮剂800倍液、10%高效氯氰菊酯乳油1 500倍液、50%辛硫磷乳油1 000倍液、20%杀灭菊酯2 000~3 000倍液、21%增效氰·马乳油4 000倍液或90%敌百虫晶体1 000倍液等喷雾2~3次。

四、菜蚜类

（一）症状识别

菜蚜又名菜缢管蚜、萝卜蚜，常与桃蚜、甘蓝蚜混合发生为害，因此，人们往往统称这三种蚜为菜蚜。为害白菜、菜心、樱桃萝卜、芥蓝、青花菜、紫菜薹、抱子甘蓝、羽衣甘蓝、薹菜等十字花科蔬菜。蚜虫群集在叶片背面和嫩茎上，以刺吸式口器吸食植物汁液，使叶片变黄、卷曲，严重影响叶片光合作用，致使叶片提早干枯死亡。植株不能正常抽薹、开花、结实。蚜虫为害时，排出大量水分和蜜露，滴落在下部叶片上，引起煤污病发生，使叶片生理机能受到阻碍，减少干物质的积累。由于迁飞扩散寻找寄主植物时要反复转移采食，所以可传播许多种植物病毒，造成更大的为害（图5-42、图5-43）。

图5-42 大白菜叶背面的蚜虫　　图5-43 芹菜叶背面的蚜虫

（二）发生规律

蚜虫可进行孤雌生殖，各地一年发生代数不同，1年发生25～30代，以9—11月为害蔬菜最严重。冬天常见成虫和若虫继续取食和繁殖，每头雌蚜一生可胎生幼蚜50～85头。若虫、成虫集中在十字花科蔬菜幼苗上及菜株嫩叶、嫩茎和近地面的叶片背面刺吸汁液，使叶片略向背面皱缩变黄，受害严重时则整株叶片枯萎，甚至塌地。尤以叶上多毛、少蜡质的蔬菜如萝卜、白菜等受害较重。当被害蔬菜衰老、生长不良时，产生有翅胎生蚜，借风力迁移传播，转株为害。在夏、秋季节，常与桃蚜在蔬菜上混合发生，它们都是白菜花叶病的传播媒介。蚜虫生长最适宜温度为15~26℃，适宜相对湿度在70%以上。

（三）防治措施

（1）农业防治。根据保护地蔬菜品种布局，优先选用适合当地市场需求的丰产、优质、抗虫和耐虫品种。合理安排茬口，避免连作，实行轮作和间作。清除田间杂物和杂草，及时摘除蔬菜作物老叶和被害叶片。对已收获的瓜果蔬菜或因虫毁苗的作物残体要尽早清理，集中堆积后喷药灭杀，或者集中烧毁，减少虫源。育苗时要把苗床和生产温室分开，育苗前先彻底消毒，幼苗上有虫时在定植前要清理干净。

（2）物理防治。

①黄板诱杀：利用蚜虫趋黄性，在大棚内挂黄板诱杀，可以用废纸盒或纸箱剪成30cm×40cm大小，漆成黄色，晾干后涂上机油与少量黄油调成的油膏挂在大棚内，下边距作物顶部10cm，每100m大棚挂8块左右，每隔7~10天涂1次机油。

②银灰膜避蚜：蚜虫对不同颜色的趋性差异很大，银灰色对传毒蚜虫有较好的忌避作用。可在棚内悬挂银灰色塑料条，也可用银灰色地膜覆盖蔬菜防治蚜虫，可在蔬菜播种后搭架覆盖银灰色塑料薄膜，覆盖18天左右揭膜，避蚜效果可达80%以上，可减少用药1~2次，同时早春或晚秋覆膜还起到增温保温作用。

③安装防虫网：保护地的放风口、通风口可用40~50目的防虫网阻隔蚜虫迁入。

（3）生物防治。充分利用和保护天敌消灭蚜虫。蚜虫的天敌种类很多，主要有捕食性和寄生性两类。捕食性天敌主要有瓢虫、食蚜蝇、草蛉、小花蝽等；寄生性天敌有蚜茧蜂、蚜小蜂等，还有微生物类的蚜霉菌等。因此，在生产中对它们应注意保护并加以利用，使蚜虫的种群控制在不足以造成为害的数量之内。

（4）化学防治。

①洗衣粉灭蚜：洗衣粉的主要成分是十二烷基苯磺酸钠，对蚜虫有较强的触杀作用，用400~500倍液喷2次，防治效果在95%以上。若将洗衣粉、尿素、水按0.2∶0.1∶100的比例搅拌混合，喷洒受害植株，可收到灭虫施肥一举两得的效果。

②烟草石灰水溶液灭蚜：用烟叶0.5kg，生石灰0.5kg，肥皂少许，加水30kg，浸泡48h过滤，取液喷洒，效果显著。

③低毒低残留化学农药的使用：一是熏蒸灭蚜。选在傍晚棚温25℃以上时，闭棚熏蒸。二是喷雾防治。为提高防效，隔7天左右喷1次，连续防治2~3次，不同药剂轮换使用。发生盛期每5~7天防治1次，连续数次，完全控制虫口密度为止。施药时间以6—7时为宜。因为此时温度较低，蚜虫活动不太频繁。施药时应注意着重喷洒叶片背面、嫩茎等部位，从上至下逐步喷洒，可使用高效低毒的药剂如20%氰戊菊酯乳油、2.5%溴氰菊酯乳油、2.5%高效氯氰菊酯乳油、40%氰戊菊酯·马拉硫磷乳油及氰戊菊酯·辛硫磷、抗蚜威、吡虫啉等。

五、斜纹夜蛾

（一）症状识别

斜纹夜蛾属鳞翅目夜蛾科，为害十字花科蔬菜、瓜类、茄子、豆类、葱、韭菜、菠菜以及粮食、经济作物等近100科、300多种植物。以幼虫咬食叶片、花蕾、花及果实,初龄幼虫啃食叶片下表皮及叶肉,仅留上表皮呈透明斑;4龄以后进入暴食期,咬食叶片,仅留主脉。在包心椰菜上,幼虫还可钻入叶球内为害,把内部吃空,并排泄粪便,造成污染,使蔬菜降低乃至失去商品价值(图5-44、图5-45)。

图5-44 斜纹夜蛾幼虫

图5-45 斜纹夜蛾成虫

（二）发生规律

斜纹夜蛾成虫为体形中等略偏小（体长14~20mm、翅展35~40mm）的暗褐色蛾子,前翅斑纹复杂,其斑纹最大特点是在两条波浪状纹中间有3条斜伸的明显白带,故名斜纹夜蛾。幼虫一般6龄,老熟幼虫体长近50mm,头黑褐色,体色则多变,一般为暗褐色,也有呈土黄、褐绿至黑褐色的,背线呈橙黄色,在亚背线内侧各节有一近半月形或似三角形的黑斑。该虫1年发生4代（华北）至9代（广东）,一般以老熟幼虫或蛹在田基边杂草中越冬,广州地区无真正越冬现象。成虫夜出活动,飞翔力较强,具趋光性和趋化性。卵多产于叶背的叶脉分叉处,以茂密、浓绿的作物产卵较多,卵堆产,卵块常覆有鳞毛而易被发现。初孵幼虫具有群集为害习性，3龄以后则开始分散，老龄幼虫有昼伏性和假死性，白天多潜伏在土缝处，傍晚爬出取食，遇惊就会落地蜷缩作假死状。当食料不足或不当时，幼虫可成群迁移至附近田块为害，故又有"行军虫"的俗称。斜纹夜蛾发育适温为29～30℃，一般高温年份和季节有利其发育、繁殖，低温则易引致虫蛹大量死亡。该虫食性虽杂，但食料情况，包括不同的寄主，甚至同一寄主不同发育阶段或器官，以及食料的丰缺，对其生育繁殖都有明显的影响。间种、复种指数高或过度密植的田块有利其发生。

（三）防治措施

（1）农业防治。清除杂草，收获后翻耕晒土或灌水，以破坏或恶化其化蛹场所，有助于减少虫源。安排合理的耕作制度。搭配种植诱集作物。利用斜纹夜蛾嗜好在芋叶产卵的习性，让其聚集为害。然后集中杀灭，可明显降低虫口基数。结合田间管理随手摘除卵块和群集为害的初孵幼虫的叶片，带出田外销毁，也可人工捕杀大龄幼虫。

（2）物理防治。

①性诱剂诱杀成虫：使用斜纹夜蛾性诱剂诱杀成虫，效果较好。6—9月为斜纹夜蛾盛发期，7—8月为害最重，因此适宜在6—10月进行性诱剂诱杀。性诱器的制作方法为用细铁丝串上1颗斜纹夜蛾性诱芯，挂于直径20cm的小塑料桶口中间，桶内装半桶肥皂水，把桶悬挂在离地面1.2m左右的竹竿上。诱芯上方必须遮顶，以防日晒雨淋。每亩放置4颗，30天换1次诱芯。

②装灯诱蛾：利用成虫趋光性，于盛发期点黑光灯诱杀。安装30瓦佳多频振式杀虫灯，每2～3hm²使用1盏，安装

在离地面1.5m高度处。要求12天收集1次诱杀的成虫，并清刷灯管上附着的死虫，以保持功效。

③糖醋液诱杀：利用成虫趋化性配糖醋液（糖：醋：酒：水=3：4：1：2），加少量敌百虫诱蛾。柳枝蘸洒500倍敌百虫也可诱杀斜纹夜蛾成虫。

（3）化学防治。2%甲氨基阿维菌素苯甲酸盐6 000倍液或15%茚虫威乳油2 500倍液、200亿多角体斜纹夜蛾核型多角体病毒可分散性粒剂15 000倍液、50%氰戊菊酯乳油4 000～6 000倍液、2.5%联苯菊酯乳油4 000～5 000倍液、20%甲氰菊酯乳油3 000倍液等，对斜纹夜蛾均有良好的防治效果，可以在生产中推广应用。斜纹夜蛾低龄幼虫喜欢群集于作物叶背取食，3龄后迁移分散为害，因此，药剂防治宜在2～3龄前进行。施药2～3次，隔7～10天1次，喷匀喷足。

六、黄曲条跳甲

（一）症状识别

黄曲条跳甲属鞘翅目叶甲科。常为害叶菜类蔬菜，以甘蓝、花椰菜、白菜、菜薹、萝卜、芜菁、油菜等十字花科蔬菜为主，但也为害茄果类、瓜类、豆类蔬菜。以成虫群集在叶上为害，叶背尤多，使被害叶片上布满稠密的小椭圆形孔洞，除为害叶片外，还时常将蒴果表面、果梗、嫩梢上咬成疤痕或咬断。成虫喜吃植物的幼嫩部分，作物苗期受害后不能生长，往往毁种。幼虫专门为害寄主根部皮层，使其表面形成若干不规则的条状疤痕，也可咬断须根，使叶片由内到外发黄萎蔫死亡（图5-46至图5-49）。

图5-46　黄曲条跳甲成虫

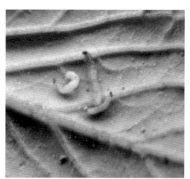

图5-47　黄曲条跳甲幼虫

图5-48　黄曲条跳甲为害芥菜状

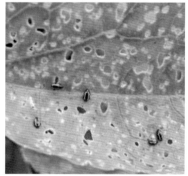

图5-49　黄曲条跳甲为害油菜状

（二）发生规律

1年发生4~8代，华北4~5代，华南7~8代，华中5~7代。各地均以成虫在枯枝落叶中潜伏越冬。华南地区可周年繁殖为害。翌年春季温度回升至10℃时，成虫开始活动取食。成虫活泼、善跳、有趋光性。卵散产于植株周围湿润的土隙或细根上。幼虫孵化后，沿须根向主根剥食根的表皮。老熟幼虫在3~7cm处做土室化蛹。蛹期3~17天。

黄曲条跳甲属寡食性害虫。成虫活泼，善于跳跃，温度高时能飞翔，有趋光性，对黑光灯特别敏感。抗寒力强。成虫夜伏昼出，寿命颇长，平均50天，最长可达1年之久。产卵前期和产卵期很长，因此世代重叠，发生期很不整齐。成虫产卵大多在晴天，一天中以午后为多，卵散产，多产于植株周围离主根3cm左右的湿润土隙中或细根上，也可在近土表的植株基部咬一小孔产卵于其中。幼虫共3龄，初孵幼虫沿须根食向主根，剥食根的表皮。幼虫老熟后，在土下3~7cm处做土室化蛹。夏季高温对黄曲条跳甲发生不利，一般为害不大。黄曲条跳甲为寡食性害虫，偏嗜十字花科蔬菜，一般十字花科蔬菜连作地区，有利于大量繁殖，受害严重。与其他蔬菜轮作，可减轻为害。

（三）防治措施

（1）农业防治。进行水旱轮作，或与非十字花科蔬菜轮作，或与茄果类蔬菜、紫苏等芳香类蔬菜间作或套种。种植前对土壤进行翻耕、暴晒杀卵杀菌。将菜地周围的成虫有可能躲藏的杂草铲除清理，减少在枯枝叶、土缝中躲藏或越冬的虫体或虫卵。

（2）物理防治。在菜园边设防虫网或建立大棚，防止外来虫源的迁入。利用跳甲成虫的趋光性，在菜畦床上插黄板或白板，或晚上开黑光灯，诱杀成虫。或在菜畦床上铺地膜，有效防止成虫躲藏、潜入土缝中产卵繁殖。

（3）化学防治。

①土壤处理：在翻耕后，种植前对土壤用药处理，采用生石灰或无公害生产技术规程中许可的丁硫克百威、辛硫磷、杀虫双颗粒等化学农药进行拌土杀虫、杀卵。

②拌种处理：用丁硫克百威颗粒剂等药剂拌种后播种。

③用药选择：根据农药的不同作用特点、不同种类进行合理搭配（如将有机磷类、拟除虫菊酯类、氨基甲酸酯类、苯基吡唑类、新烟碱类及其他类型的2~3种杀虫剂混用），选择速效与缓效相结合，高效低毒低残留的符合无公害生产要求的品种，交替、轮换用药，从而达到延缓害虫抗性、降低防治成本、提高防治效果的防治目的。尽量少用长期以来使用的有机磷类、沙蚕毒素类等老品种农药，多选择苯基吡唑类、新烟碱类等新类型的农药品种。可以选择丙溴磷、氰氟虫腙、乙基多杀菌素、啶虫脒、吡虫啉、印楝素、鱼藤酮、哒螨灵、高效氯氰菊酯等农药。

（4）生物防治。可采用坚强芽孢杆菌、球孢白僵菌、昆虫病原线虫等生物药剂对黄曲条跳甲成虫或卵进行防治。

七、烟粉虱

（一）症状识别

烟粉虱属同翅目粉虱科，俗称小白蛾，为害多种蔬菜如番茄、黄瓜、西葫芦、茄子、豆类、十字花科蔬菜以及果树、花卉、棉花等作物，还能寄生于多种杂草上。以成虫、若虫刺吸植株汁液为害，造成植株长势衰弱，产量和品质下降，甚至整株死亡，并可传播30种植物上的70多种病毒病，还分泌蜜露，造成严重的煤污病，使蔬菜失去商品价值（图5-50、图5-51）。

（二）发生规律

烟粉虱对不同的植物表现出不同的为害状，叶菜类如甘蓝、花椰菜受害叶片萎缩、黄化、枯萎；根菜类如萝卜受害表现为颜色白化、无味、重量减轻；果菜类如番茄受害，果实成熟不均匀。烟粉虱有多种生物型。据在棉花、大豆等作物上的调查，烟粉虱在寄主植株上的分布有逐渐由中下部向上部转移的趋势，成虫主要集中在下部，从下到上，卵及1～2龄若虫的数量逐渐增多，3～4龄若虫及蛹壳的数量逐渐减少。

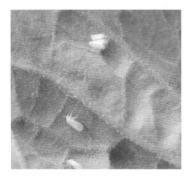

图5-50　烟粉虱　　　　　　图5-51　烟粉虱造成的煤污病

（三）防治措施

（1）农业防治。烟粉虱喜欢取食、生存在叶片背面茸毛较为丰富的作物上，如大豆、棉花、瓜类等，而不喜食叶片光滑、无毛的植物，如芹菜、生菜、韭菜等。因此，可在虫源田附近栽培烟粉虱不喜食的蔬菜品种，从越冬环节、扩散环节等切断烟粉虱的自然生活史。大棚内避免黄瓜、番茄、西葫芦混栽，提倡与芹菜、葱、蒜接茬，做到在栽培农艺上控虫。

种植前和收获后要清除田间杂草及残枝落叶（并做好棚室的熏杀残虫工作）；及时整枝打杈，摘除有虫的老叶、黄叶，加以销毁。

苗床与生产地（大棚、温室）要分开；对培育的或引进的秧苗要严格检查，防止有虫苗进入生产地。

（2）物理防治。利用烟粉虱对黄色有强烈趋性的特点，在棚室内设置黄板诱杀成虫（每亩放置30cm×20cm黄色板

8～10块）。于烟粉虱发生初期（尤其在大棚揭膜前），将黄板涂上机油黏剂（一般7天重涂1次），均匀悬挂在作物上方，黄板底部与植株顶端相平或略高些。利用烟粉虱对银灰色有驱避性的特点，可用银灰色驱虫网作门帘，防治秋季烟粉虱进入大棚和春季迁出大棚。

（3）生物防治。丽蚜小蜂是烟粉虱的有效天敌，许多国家通过释放该蜂，并配合使用高效、低毒、对天敌较安全的杀虫剂，有效地控制烟粉虱的大发生。在我国推荐使用方法如下：在保护地番茄或黄瓜上，作物定植后，即挂诱虫黄板监测，发现烟粉虱成虫后，每天调查植株叶片，当平均每株有粉虱成虫0.5头左右时，即可第一次放蜂，每隔7～10天放蜂1次，连续放3～5次，放蜂量以蜂虫比为3∶1为宜。放蜂的保护地要求白天温度能达到20～35℃，夜间温度不低于15℃，具有充足的光照。可以在蜂处于蛹期时（也称黑蛹）释放，也可以在蜂羽化后直接释放成虫。如放黑蛹，只要将蜂卡剪成小块置于植株上即可。

（4）化学防治。作物定植后，应定期检查，当虫口较高时（黄瓜上部叶片每叶50～60头成虫，番茄上部叶片每叶5～10头成虫作为防治指标），要及时进行药剂防治。每公顷可用99%敌死虫乳油（矿物油）1～2kg，植物源杀虫剂6%烟百素、10%噻嗪酮乳油、50%辛硫磷乳油750ml、25%噻嗪酮可湿性粉剂500g、10%吡虫啉可湿性粉剂375g、20%甲氰菊酯乳油375ml、1.8%阿维菌素乳油、2.5%联苯菊酯乳油、2.5%高效氯氰菊酯乳油250ml、25%噻虫嗪水分散粒剂180g，加水750L喷雾。此外，在密闭的大棚内可用熏蒸剂按推荐剂量杀虫。

REFREENCE 参考文献

董伟，郭书普. 2016. 原色图鉴：一本书明白水稻小麦病虫害[M]. 合肥：安徽科学技术出版社.

贺莉萍，禹娟红. 2015. 马铃薯病虫害防控技术[M]. 武汉：武汉大学出版社.

马艳红，王晓凤，毛喜存. 2018. 小麦规模生产与病虫草害防治技术[M]. 北京：中国农业科学技术出版社.

彭红，朱志刚. 2017. 水稻病虫害原色图谱[M]. 郑州：河南科学技术出版社.

杨军玉. 2016. 蔬菜病虫害防治彩色图鉴[M]. 北京：金盾出版社.

张桂兰，吴剑南，王丽. 2016. 主要农作物病虫害识别与防治[M]. 郑州：中原农民出版社.

张永礼. 2016. 玉米病虫害绿色防治[M]. 长春：吉林人民出版社.